U0262035

浙江省社科规划优势学科重大项目

“城市水安全与水务行业监管体制研究”

（项目批准号：14YSXK02ZD）成果

浙江省社科规划优势学科重大项目成果

城市水务行业监管体系研究

唐要家 著

中国社会科学出版社

图书在版编目（CIP）数据

城市水务行业监管体系研究/唐要家著．—北京：中国社会科学出版社，2017.5

ISBN 978－7－5203－0246－3

Ⅰ.①城…　Ⅱ.①唐…　Ⅲ.①城市用水—水资源管理—监管体制—研究—中国　Ⅳ.①TU991.31

中国版本图书馆 CIP 数据核字(2017)第 092394 号

出 版 人　赵剑英
责任编辑　卢小生
责任校对　周晓东
责任印制　王　超

出　　版　中国社会科学出版社
社　　址　北京鼓楼西大街甲 158 号
邮　　编　100720
网　　址　http://www.csspw.cn
发 行 部　010－84083685
门 市 部　010－84029450
经　　销　新华书店及其他书店

印　　刷　北京明恒达印务有限公司
装　　订　廊坊市广阳区广增装订厂
版　　次　2017 年 5 月第 1 版
印　　次　2017 年 5 月第 1 次印刷

开　　本　710×1000　1/16
印　　张　15
插　　页　2
字　　数　224 千字
定　　价　66.00 元

总　序

城市水务主要是指城市供水（包括节水）、排水（包括排涝水、防洪水）和污水处理行业及其生产经营活动。城市水务是支撑城镇化健康发展的重要基础，具有显著的基础性、先导性、公用性、地域性和自然垄断性。目前，我国许多城市都不同程度地存在水资源短缺、供水质量不高、水污染较为严重等突出问题，其中的一个深层次原因是受长期形成的传统体制惯性影响，尚未建立有效的现代城市水务监管体制。其主要表现为：城市水务监管体系不健全，难以形成综合监管能力；监管机构碎片化，责权不明确；监管的随意性大，缺乏科学评价等。特别是近年来，不少城市水务公私合作项目竞争不充分，缺乏监管体系。这些问题导致城市水务监管与治理能力严重滞后于现实需要。

根据现实需要，我们承担了浙江省社科规划优势学科重大项目“城市水安全与水务行业监管体制研究”，并分解为五个子课题进行专题研究。针对建立健全保障水安全的有效机制、科学设计与中国国情相适应的城市水务行业公私合作机制、设计水务行业中的政府补贴激励政策、建立与市场经济体制相适应的新型城市水务行业政府监管体制、建立系统化和科学化的监管绩效评价体系及制度等关键问题，课题组经过近三年的努力，终于完成了预期的研究任务，并将由中国社会科学出版社出版一套专门研究城市水务安全与水务行业监管的系统学术专著。现对五本专著做简要介绍：

《城市水安全与水务行业监管能力研究》（作者：鲁仕宝副教授）一书运用系统论、可持续发展理论、水资源承载力理论、模糊数学等理论，对我国城市水安全及监管问题进行研究。在分析影响城市安全的基本因素基础上，探讨了城市水安全面临的挑战与强化政府对城市水安全监管的必要性，构建了城市水安全评价指标体系及方法，建立了城市水安全预警系统、城市水安全系统调控与保障机制及激励机制。提出利用合理的法规制度、政府监管、宣传教育等非经济手段，利用正向激励来解决水资源和环境利用总量控制问题。为我国城市水安全综合协调控制评价与改进提供了较为科学、全面的研究工具和方法，提出了符合我国当前城市水安全监管的政策建议。

《城市水务行业公私合作与监管政策研究》（作者：李云雁副研究员）一书以城市供水、排水与污水处理行业为对象，在中国乃至全球公私合作改革的宏观环境下，分析城市水务行业公私合作的特定背景与现实需求，系统地梳理了发达国家公私合作的实践，并对其监管政策进行了评析，回顾并评价了中国城市水务行业公私合作发展的历程和现状，研究了城市水务行业公私合作模式的类型、选择及适用条件，构建了与中国国情相适应的城市水务行业公私合作的监管体系。在此基础上，重点从价格监管和合同监管两个方面探讨了城市水务行业公私合作监管问题及具体政策措施。最后，本书选取城市供水和污水处理行业公私合作的典型案例，对城市水务行业公私合作与政府监管进行了实证分析。

《城市水务行业激励性政府补贴政策研究》（作者：司言武教授）一书通过分析城市化进程中城市水务行业激励性政府补贴的体制机制缺陷，厘清了城市水务行业建设中各级政府的事权划分、建设体制、建设资金来源与运作模式，梳理了现阶段我国城市水务行业运行中的激励性政府补贴体制、补贴运行机制等方面存在的核心问题。通过研究，明确了中央与地方在城市水务行业激励性政府补贴方面的事权划分，明确了中央政府责任，探索了城市水务行业资金来源和投融资方式，特别是财政资金安排方式、融资机制、吸引社会资本投入模式等，并通过一系列政府补贴方式和手段的创新，为我国当前城市水务行业完善激励性政府补贴提出了相应的对策建议。

《城市水务行业监管体系研究》（作者：唐要家教授）一书基于发挥市场机制在资源优化配置中的决定性作用和推进政府监管体制改

革并加快构建事中、事后监管体系的背景以及提高城市水安全视角，在深入分析中国城市水务监管的现实和借鉴国际经验的基础上，探讨了城市水务行业监管体制创新，推动中国城市水务监管体制的不断完善。本书主要从城市水务监管的需求、城市水务监管的国际经验借鉴、中国城市水务监管机构体制、城市水务价格监管、城市饮用水水质监管和城市水务监管治理体系进行探讨。本书提出的完善中国城市水务监管的基本导向为：构建市场机制与政府监管协调共治的监管体制，完善依法监管的法律体系和保障体制，形成具有监管合力和较高监管效能的监管机构体系，构建了多元共治的监管治理体系。

《城市水务行业监管绩效评价体系研究》（作者：王岭副研究员）一书基于城市水务行业监管绩效评价体系错配、监管数据获取路径较为不畅以及监管绩效评价手段较为单一的客观现实，沿着供给侧结构性改革与国家大力推进基础设施和公用事业公私合作的背景，从构建城市水务行业监管绩效评价体系视角出发，遵循“国际比较—国内现状分析—监管绩效评价—监管绩效优化”的研究路径，为城市水务行业监管绩效的客观评价与提升提供重要保障。本书内容主要包括城市水务行业市场化改革与监管绩效评价需求、市场化改革下城市水务行业发展绩效、城市水务行业监管绩效评价的国际经验与中国现实、中国城市供水行业监管绩效评价实证研究、中国城市污水处理行业监管绩效评价实证研究和提升中国城市水务行业监管绩效评价体系。本书提出的提升城市水务行业监管绩效评价的政策建议主要包括优化制度体系、重构机构体系、建立监督体系和健全奖惩体系四个方面。

综上所述，本课题涉及城市水安全和水务行业的重大理论与现实问题。课题组注重把握重点研究内容，并努力在以下六个方面做出创新：

（1）构建基于水资源承载力的城市水安全评价指标体系。本课题综合运用管制经济学、管理学、计量经济学、工程学等相关学科理论工具，从城市水安全承载力的压力指标和支撑指标的角度，分析了城市水安全承载力的影响因素与度量方法；结合研究区域水资源的实际情况，提出从经济安全、社会安全、生态安全和工程安全四个方面来表征城市水安全状态，构建城市水安全评价指标体系，为建立水安全评价模型提供分析框架；并集事前、事中和事后评价于一体，通过反馈机制形成不断完善的基于水资源承载力的城市水安全评价指标体系。

（2）建立城市水安全保障体系与预警机制。建立城市水安全保障体系关系到城市可持续发展、人民生活稳定的基础。本课题从微观、中观和宏观三个层次，空中、地上、地中、地下、海洋和替代水库六个方面来建立城市水安全保障体系。同时，根据城市水资源供给总量与城市人口、工商业用水定额比计算城市水资源供给保障率，针对城市规模人口和工商业用水的设立水资源配置，提出基于水资源数量、质量、生态可持续性的城市水安全预警机制。

（3）建立中国城市水务行业公私合作的激励性运行机制。制约城市水务行业公私合作有效运行的关键是私人部门的有效进入和合理利润。本课题将在明确中国城市水务行业公私合作目标和主要形式的基础上，界定政府、企业和公众的责任边界及行为准则，设计基于水务项目的特许权竞拍机制，识别特许经营协议的核心要件和关键条款，测算私人部门进入的成本与收益，建立多元、稳定的收益渠道，以及城市水务行业公私合作“进入—盈利”的有效路径。同时，系统地分析了城市水务行业公私合作的风险，针对公私合作的信息不对称和契约不完备特征，设计基于进入、价格和质量三维城市水务行业公私合作激励性监管政策体系。

（4）政府补贴激励政策的模型设计与分析。主要围绕政府补贴激励政策的委托—代理模型进行具体设计和系统分析，在模型中，准确把握政府补贴激励政策的方式与强度、企业针对政府补贴激励政策的策略性反应状况、政府补贴激励政策的多目标协调、政府补贴资源的优惠组合等。在政府财政补贴政策研究中，针对政府补贴的各种形式，分析政府不同的财政补贴方式对水务行业投资和经营的策略影响，研究在不同政府研发补贴方式下水务企业的研发和生产策略，以及社会福利的大小。在此基础上，以社会福利最大化为目标，制定不同外部环境下的最优政府研发补贴政策，来激励企业增大研发投入，增加社会福利，为政府制定相关政策提供决策支持。

（5）构建与市场经济体制相适应的城市公用事业政府监管机构体系。监管机构体制改革既是城市水务监管体制改革的核心，也是中国行政体制改革的重要领域；既涉及部门之间的职能定位和权力配置，也涉及中央和地方的监管权限问题，因此具有复杂性特征。本课题依据中国行政体制改革的基本目标，坚持以监管权配置为核心，从监管机构横向职能关系、纵向权力配置、静态的机构设立和动态的机构运行机制有机结合视角，系统地设计中国城市水务监管机构体制，理顺同级监管部门、上下级监管部门的职能配置与协调机制。

（6）构建基于监管影响评价的监管绩效评价体系。本课题综合运用管制经济学、新政治经济学、计量经济学等相关学科理论和工具，从城市水务行业监管绩效评价的新理论——监管影响评价理论出发，对监管绩效评价的目标、主体、对象、指标体系、实施机制等基本问题开展系统研究，以期构建基于监管影响评价的城市水务行业监管绩效评价体系，为监管绩效评价提供可操作性的分析框架，并且集过程监督、事后评价于一体，通过反馈机制形成一种不断完善监管体系的动态自我修正机制。

由于城市水务安全与水务行业监管体制的研究不仅内容极为丰富，关系到国计民生的基本问题，而且随着社会经济的发展，具有显著的动态性，虽然课题组做了很大的努力，但由于我们的研究能力和水平有限，书中难免存在一定的缺陷，敬请相关专家和读者批评指正。

浙江省特级专家

孙冶方经济科学著作奖获得者

浙江财经大学中国政府管制（监管）研究院院长

王俊豪

2017 年 5 月 25 日

前　言

在我国经济转型和市场经济体制完善的关键时期，加强和改善政府监管具有重要意义。2017年1月12日，国务院印发的《“十三五”市场监管规划的通知》明确指出，加强和改善市场监管，既是政府职能转变的重要方向，也是维护市场公平竞争、充分激发市场活力和创造力的重要保障，更是国家治理体系和治理能力现代化的重要任务。

城市水务行业是指由城市原水、供水、排水、污水处理及水资源回收利用等构成的产业链。城市水务行业是重要的城市基础设施行业，不仅关系到一个城市的发展质量和可持续发展能力，而且也直接关系到城市居民的生活质量和生命健康。实行有效的城市水务行业监管是各国城市公用事业政府监管的重要组成部分和重要的政府职能。

中国城市水务行业体制的形成和长期运行主要是传统的计划经济体制，目前城市水务行业市场化运营体制和行业监管体制尚未充分形成，计划性行业管理体制仍然是监管制度的基本特征。政府监管的法律体系、监管机构体制、监管政策手段等方面都严重落后于行业改革和发展的新要求，多年来长期存在的监管职责权限不清、条块分割的监管体制和行政管理体制越来越不适应监管新形式的要求，出现明显的监管供给不足的问题，成为影响城市水务行业高效发展和公民满意的重要制度“短板”，迫切需要创新监管理念和监管体制机制，建立与市场化相适应的现代监管体制，提高监管的有效性。

随着中国城市化的快速发展和水污染状况的恶化，保障城市水安全成为一个重大挑战，面对居民日益提高的饮用水安全意识和重大饮用水安全事件的频发，迫切需要加强城市水务行业的系统监管。传统的城市水务监管主要是实行条块分割的体制，面对日益凸显的城市水务系统性风险，传统的碎片化管理理念和管理体制的弊端日益凸显，需要树立城市水务监管的系统性思维，构建运行有效的城市水务综合监管体制和城市水务监管政策体系与实施机制，提高城市水安全。从2014年开始，浙江省委省政府开展了包括治污水、排涝水、防洪水、保饮水和抓节水的“五水共治”行动，在改善城市水环境和提高城市水安全方面取得了一定的成效。但现有的监管体制和实施机制往往具有短期运动式的特点，尚未形成城市水系统安全的长效监管机制，迫切需要建立更系统的制度化城市水务监管体系。

本书基于深化市场机制改革，发挥市场机制在资源优化配置中的决定性作用和推进政府监管体制改革并加快构建事中、事后监管体系的背景，从提高城市水安全的视角来探讨城市水务行业监管体制创新，推动中国城市水务监管体制的完善。本书由六章组成，主要从城市水务监管的需求、城市水务监管的国际经验借鉴、城市水务监管机构体制、城市水务价格监管、城市饮用水水质监管和城市水务监管治理体系来进行分析探讨。本书的主要贡献体现在以下几个方面：

第一，提出完善城市水务监管的基本导向。基于城市水务行业的经济属性和中国城市水务监管供给不足的现实，提出完善中国城市水务监管的基本导向为：构建市场机制与政府监管协调共进的监管体制、完善依法监管的法律体系和保障体制、形成具有监管合力和较高监管效能的机构体系、构建多元共治的监管治理体系。

第二，总结了成熟市场经济国家城市水务监管的基本经验。在对英国、美国、德国、法国城市水务监管体制进行具体分析的基础上，总结了成熟市场经济国家城市水务监管的基本经验，具体来说：一是确保政府监管体制的制度契合性；二是完善的法律保障与实行依法监管；三是城市水务监管机构职权配置的分权与协调原则；四是科学配置监管机构职权和实行激励性监管；五是以治理的理念建构监管体系。

第三，指出城市水务行业监管机构改革和完善的基本方向。在国家机构改革和政府职能转变的大背景下，中国城市水务监管机构的改革和完善应坚持以下五个基本方向：一是推进市场化和加强监管为基础的监管机构体制改革与完善；二是以法治为目标来完善监管法律体系；三是以简政放权和加强监管为核心的监管职能转变；四是以综合协调监管为重点的组织机构优化；五是集权与分权有机结合的纵向监管职权配置。

第四，明确城市水价改革的基本方向。在分析城市水价制定的基本目标和方法的基础上，对中国城市水价监管的有效性进行了分析评价，明确指出水价改革的基本方向是建立价格能够全面反映市场供求、资源稀缺程度、资源环境成本的市场化城市供水价格形成机制。深化水价改革和水价监管的重点是，完善市场化水价形成机制，实施激励性价格监管，形成规范的水价调整程序。具体来说，要持续推进城市水价的市场化改革，及时完善水资源费和污水处理费的定价和征收机制，重点加强城市水务企业的成本监审和实行激励性水价监管，完善水价调整机制和调整程序，注重保障低收入困难家庭的水费支付能力。

第五，设计加强城市饮用水水质安全监管的具体政策。在系统分析城市饮用水水质安全影响因素和充分借鉴国际经验的基础上，系统设计了提高城市饮用水水质安全的政策体系，具体包括完善饮用水水质安全监管的法律法规，健全饮用水水质安全监管机构体制，加强饮用水水质安全监管能力建设，建立有效的饮用水水质安全问责制度。

第六，构建政府监管的多元共治治理体系。基于监管治理的理念，提出构建包括立法监督、司法监督、行政监督和社会监督在内的多元监督治理体系，并重点针对城市水务监管中的信息公开和公众参与进行了具体的政策设计。

本书是王俊豪教授主持的浙江省哲学社会科学规划课题——优势学科重大资助项目“城市水安全与水务行业监管体制研究”的子项目成果。王俊豪教授对本书的研究选题、主要内容和主要观点都发挥着重要设计师的角色。中国城市规划设计研究院水务与工程院副院长龚道孝博士，江苏省城镇供水安全保障中心副主任林国峰博士，杭州市城管委规划科技处副处长何兴斓博士，浙江财经大学中国政府管制研究院李云雁副教授、王岭副教授，都对本书有关内容的写作和观点提供了有益的参考意见；我指导的硕士研究生李增喜、管霞霞、彭功阳等参与了本书有关章节的基础数据和资料的收集整理，李增喜对阶梯水价成效的计量分析做出较大贡献。在此一并致谢。

目　录

第一章　城市水务行业监管需求

政府监管是现代市场经济国家政府的一项重要职能。在美国、英国等发达市场经济国家，竞争性领域完全由市场竞争机制发挥资源优化配置的决定性作用，而在城市水务等具有自然垄断性、环境影响外部性的市场失灵领域或行业，则需要有效发挥政府监管的积极作用。由于市场失灵和出于维护社会公共利益的目标，政府监管往往是不可或缺的政府职能。政府监管实际上就是依法制定相关主体的行为规则并依法监管，从而形成有利于相关主体和社会整体利益最大化的结果。由此，监管已经成为市场经济机制体制下政府重要的行政职责，因此，这些国家也就被称为"监管型国家"。

水是重要的生活必需品，水务行业是重要的城市基础设施产业，城市水务行业担负着为城市居民提供安全可靠饮用水保障的任务，是城市居民生活和城市经济社会可持续发展的重要保障。由于城市水务行业具有明显的自然垄断性、公益性、信息不对称性、水资源稀缺性和环境污染负外部性等问题，存在较严重的市场失灵，需要政府进行监管。有效的政府监管是确保公众健康、促进经济效率、维持城市经济社会活动、加强环境保护所不可或缺的。世界各国都对城市水务行业实行不同形式的监管，并且总体呈现出监管强度不断加强和监管有效性不断提高的趋势。

第一节　城市水务行业监管需求

城市水务行业包括供水和污水处理两大部分。从城市水务系统来说，可分为采水、制水、供水、用水、排水、回收处理等环节。由于城市水务行业的经济特征，决定了需要建立有效的监管制度。

一　城市水务行业具有自然垄断性

城市水务行业的自然垄断性要求政府监管以约束垄断市场势力。城市水务行业的管网资产具有很强的专用性，一旦完成投资将很难转作他用，因此具有较高的沉淀成本。由于专用性资产的高额投资，对一个区域和城市来说，有限的人口决定了给定的市场需求，此时一家企业投资并运营将会充分实现规模经济和范围经济，带来较低的城市水务运营成本，从而使城市水务行业具有明显的自然垄断性。为防止自然垄断企业滥用市场势力来通过高价格伤害消费者的利益，政府需要对城市化水务企业实行价格和收益率监管，防止其获取不合理的高利润。同时，专用性资产的高投资也意味着固定资产投资的回收周期比较长，固定成本回收在企业定价和收入当中占有较高的比例。对于投资方来说，其庞大的投资能否得到稳定可预期的回报就成为决定其投资激励的关键。因此，就需要政府具有有效的承诺工具，保证投资者获得合理的投资回报；如果社会资本和民营企业缺乏相应的投资激励，则只能由国家进行投资。在自然垄断行业，政府实行的经济性监管实际上是有效地平衡生产者和消费者的利益，保证消费者的短期利益和长期利益统一，即保证消费者在长期有合理价格的安全饮用水供应。

自然垄断性造成城市水务企业往往具有地域垄断性市场结构。城市水务行业的自然垄断性决定了，在某个给定的市场，只有少数供应商能够在竞争中生存下来，城市水务市场无法实现充分的竞争。根据现有的技术，水的长距离传输成本非常高，甚至具有经济和生态上的不可行性，不可能建立全国性的长途传输管网，调节全国供水市场的平衡，形成全国的竞争性水务市场，而是形成典型的地域垄断性。在水务企业地域垄断经营的情况下，需要一定程度的政府监管，防止垄断企业滥用市场势力，伤害消费者福利和社会总福利。同时，从监管体制设计的角度来说，由于各个地区在资源、经济、社会和环境条件等方面存在较大的差异性，为了更好地利用地方信息，减少信息不对称的影响，增强监管政策的针对性和有效性，监管权力配置应该实行分权化，赋予地方政府更多的监管权，建立分权的政府监管体制。

二　水是重要的稀缺性资源

水既是一种社会性商品，也是一种经济性商品，具有重要的经济价值，但是同时由于自然条件和人口经济因素，在很多地区和城市水是重要的稀缺性资源。中国是一个典型的水资源贫乏国家，而且水资源分布具有明显的地区不平衡性，一些城市的饮用水安全供应保障问题十分突出。对很多城市来说，水是决定城市竞争力和可持续发展的重要战略资源。

安全可靠的水供应是一个国家经济发展和社会稳定的重要基础，水既不是供给无限的免费商品，也不是一种政府提供的福利性商品，而是一种具有经济价值的稀缺性商品。面对水资源稀缺和日益增长的水需求，1992 年的《都柏林声明》指出："在所有的竞争性使用中，水具有经济价值，应该被看作是一种经济商品。"由于长期以来各国一直将水资源作为一种廉价供给的资源，加剧了城市饮用水安全可靠供应的风险。因此，为了实现水资源的可持续利用和长期可靠供给，需要通过政府监管来充分发挥经济规律和价格机制在促进资源节约、有效供给中的决定性作用。

水的稀缺性商品属性要求通过征收水资源费来实现成本的完全覆盖，使水价充分反映水的资源价值、经济价值和环境价值。一般来说，水务的成本包括供水运营成本、资源成本、环境成本。其中，供水运营成本包括投资成本、运营维护成本、人工费、电费等直接成本；资源成本是一种机会成本，是水作为一种稀缺资源以特定方式在时间和空间上的机会成本，它包括现在使用和未来使用的经济价值差别，以及不同使用方式中由于使用受限带来的其他净价值最大的使用价值或利润损失。环境成本是指因使用水所带来的对环境和生态造成伤害的成本；环境成本和资源成本通常通过征收水资源费或水资源税来实现内部化。

对于不同使用目的的居民用户和非居民用户应实行不同的价格标准和价格结构，合理区分基本需求用水和非基本需求用水、居民生活用水和商业性用水，对于城市供水中以直接饮用为主要目的的居民家庭用户的用水实行相对低廉的价格，对于以商业经营为目的的工商业用户来说，水是一种重要的要素资源投入品，应实行相对高的价格，以合理反映水的投入品属性，促进水资源的有效率配置。

作为一种稀缺性商品，城市水务监管政策应该鼓励用水节约和再生利用，充分挖掘水的经济价值。在城市用水需求日益增长的背景下，面对水资源短缺和优质饮用水水源紧缺的问题，优质的水资源日益成为一种昂贵的经济商品，为此需要实行有效的需求侧管理，促进水资源节约，并推进水资源的再生利用和开发新水，充分实现水的经济价值。

三 饮用水安全具有重大的社会价值

水是生命之源，是人类生存和发展的基础。可靠安全的饮用水是最基本的生命必需品，也是一项基本的人权。水是生存、生命健康和经济增长必不可少的要素。人每天都要饮用大量的水，一般成年人每天总需水量为2500毫升左右。人体所需的这些水分，主要是通过饮水获得，约为1300毫升，占人体总需水量的50%以上，获得高质量的清洁水既是促进个人福利的重要内容，也是个人作为平等生命体应该享有的最基本的权利。供水具有典型的生命必需品特征，所以，保证本国或本地区居民可靠安全的饮用水供应，既是各国政府不可推卸的责任，也是政府监管的重要政策目标。联合国前秘书长安南在2006年世界水日指出："获得安全饮用水是人类的基本需求，因此是最基本的人权。"

饮用水水质对人体健康至关重要。饮用水安全是影响生命健康的重要因素，受到污染的饮用水会变成威胁人体生命健康的"杀手"，具有非常大的负外部性。据世界卫生组织的分类，世界范围内自来水中的有害物质已达756种，其中20种确认致癌，24种很可能致癌，18种可能致癌，47种可以致癌。倘若长期饮用不良的水质，将导致人的抵抗力和免疫力减弱，当积累的污染物达到身体无法承受时，就会引发疾病。[①] 世界卫生组织（WHO）的最新数据显示，目前全世界

① 崔玉川、刘振江：《饮水·水质·健康》，中国建筑工业出版社2006年版。

每年大概有500万人死于不安全饮用水带来的疾病；通过提高饮用水水质，每年将会使全球医疗费用负担下降4%。根据美国疾病预防和控制中心（CDC）2007年发布的数据，1993—2006年，美国暴发了203起与水有关的疾病，相关的病例为418894例。饮用水污染不仅带来巨大的健康风险，同时间接带来巨大的社会经济损失。中国有超过3亿农村居民没有安全的饮用水。根据世界银行的分析，2003年中国农村地区居民因发生腹泻和癌症导致的疾病和过早死亡的经济损失估计为662亿元，约占GDP的0.49%。[①] 因此，保证饮用水安全成为各国最重要的监管政策目标。

由于消费者并没有分析检验饮用水水质的能力，因此，需要政府代表公共利益，实行有效的饮用水水质安全监管，通过制定明确的饮用水质量标准并采取有效的水质监管政策手段来确保企业遵守，确保居民饮用水质量安全，保障居民健康和提升生活品质。

四　城市水安全具有系统脆弱性

城市水务系统客观上是由自然水循环系统和经济社会用水系统组成的复合巨系统。从城市自然水循环系统和经济社会用水系统的联系与交互作用看，城市水务系统是由城市水资源环境、水源、供水、用水、节水、排水、水处理等部分构成，各部分间联系密切，存在相互影响和相互制约的关系。

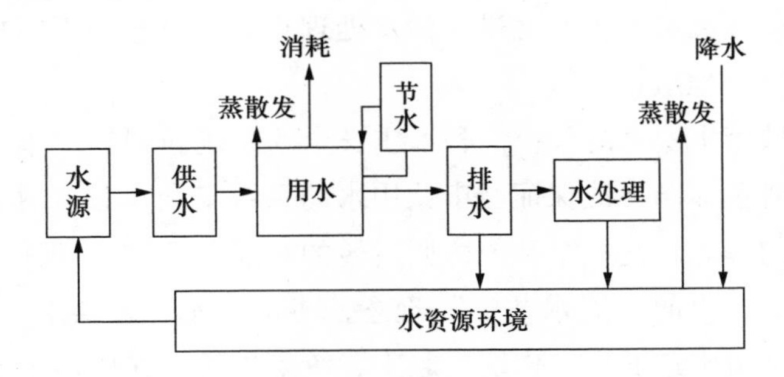

图1-1　城市水务系统

① 世界银行：《解决中国水稀缺：关于水资源管理若干问题的建议》，《城镇供水》2009年第4期。

城市饮用水是整个区域水生态系统的一个子系统，城市饮用水水质安全并不仅仅取决于城市供水系统本身，而是受到整个区域水生态系统安全性的影响。近年来，随着城市化的快速推进和工业化的快速发展，城市饮用水供应的生态系统面临各种各样可控和不可控因素综合影响，城市饮用水的生态安全面临日益严重的挑战。因此，需要政府在解决城市水污染和保证跨区域、全系统饮用水安全中发挥积极的监管者作用，既要合理管控可预测风险，也要有效应对各种意外风险。

城市水务系统是一个循环系统，城市供水需要从自然水系统中取水，同时，各种城市污水还将回到自然水系统中。如果城市生产和生活污水不能得到充分处理并达标排放，则会加剧城市水系统的污染，威胁城市供水安全。同时，尽管各个城市都设立了污水处理厂，但是城市污水处理企业排放到自然水体中处理过的水是否达到环保要求，对城市水环境质量具有重要的影响。为保证城市生产和生活污水得到充分达标的排放，需要政府水务和环境监管部门加强合作，确保城市污水得到有效及时处理，做到达标排放，消除污水对城市水环境的污染，甚至成为城市水系统水质提升的重要推动力量，以促进城市水环境安全。由于城市污水处理行业承担的是具有社会公益性的任务，无法完全通过一般商品的买卖交易机制来实现，需要政府设计有效的监管机制，确保社会资本愿意进入污水处理行业并有激励不断提高污水处理能力和处理质量。

由于城市水安全的系统性和水质安全的系统脆弱性，单一的条块分割式的管理体制无法保证城市饮用水的系统安全，必须树立系统治理与监管的理念，建立全系统协调运转的政府监管和治理体系。典型的如浙江省提出的“五水共治”理念，将治污水、防洪水、排涝水、保供水和抓节水这五项工作统一起来，统筹推进。在城市水务行业内部，则应实行紧密的全产业链系统监管，保证包括原水收集与制造、存储、输送，水的生产和销售，水的供应网管、中水回用，污水排放，污水收集与处理、污泥处理等各个环节系统安全高效运行。

第二节　城市水务行业有效监管的制度框架

一　城市水务行业监管的目标

明确的监管目标是监管体制设计、监管机构实施监管行为和监管绩效评价的重要基础。城市水务监管的目标既是政府监管追求的目标，也是衡量监管是否有效的重要依据。在水务监管方面，美国构建了城市水务可持续发展的四个支柱：一是更好的监管实践，包括资产管理、水环境保护、公私伙伴关系等；二是实现成本回收，水价合理反映建设、运营、维护的成本，为供水企业可持续发展提供激励；三是有效的需求侧管理，包括水计量、水重复使用、推广节水设施等；四是水资源高效分配与使用，如建立市场化的水交易制度。世界银行（2007）研究报告指出，差的监管绩效主要体现在四个方面：一是固定资产投资和日常维护的投资不足，影响城市供水安全；二是水质标准较差或者水质标准得不到有效的贯彻实施，无法保证饮用水水质安全；三是缺乏明确的政策，具有较大的政策不确定性；四是私有企业面临进入和发展障碍。我们认为，中国城市水务行业监管主要追求如下几个方面的目标：

第一，促进效率提高。政府监管应激励企业高效率运营和进行技术创新投资。城市水务行业监管效率目标的实现主要是通过两种机制：一是对能够市场化的领域积极推进市场化，通过放松进入管制、民营化、结构重组等政策让市场竞争机制成为激励水务企业加强管理、改进技术和提高效率的基础动力；二是对不能市场化的领域实行有效的激励性监管，通过激励机制设计来促使企业不断改进效率，消除企业通过虚报成本和财务数据做假来获取不合理利润的机会主义行为，保证水务企业基于效率获得稳定合理的回报。

第二，保障供水安全。城市水务行业是重要的基础性产业，为此需要保证企业稳定的投资来保障稳定的供给和不断改进水质，为社会提供安全、充足的水供应。首先，应该保证供水企业获得稳定的合理回报，确保其财务可持续运行，从而保证稳定的饮用水供应。只有在投资收益得到稳定、充分和可预期的保障时，企业才有动力继续投资于城市供水，确保城市供水安全。坚持“使用者付费”原则，通过向用户收费来实现成本回收是实现供水企业财务可持续的主要途径。在市场化改革过程中，由于水价改革难以做到一步到位地反映供水成本，此时就需要政府通过财政补贴来弥补企业的财务亏损。从长期来说，取消政府补贴，强化通过收费来实现成本回收和对供水企业实行有效的收益监管，是合理平衡企业和消费者利益的重要保障。① 其次，城市水务行业应该保证居民饮用健康的饮用水，确保饮用水水质安全。由于饮用水安全涉及公众健康，并且城市饮用水安全涉及城市水务的多个环节，因此需要建立层层设防的饮用水安全监管体系，重点强化饮用水质量监控，消除饮用水安全风险，确保饮用水安全，保护公众的生命健康。

第三，促进社会公平。联合国人类发展报告（2006）指出，监管的一项重要工作是“促进公平和确保穷人的可支付能力”。社会公平目标主要是指应该确保低收入群体的饮用水供应保障。这是因为水是生活必需品，安全卫生的饮用水是居民生命安全和健康的基本保障，每个公民都平等地享有获得安全卫生的饮用水权利，政府监管部门有义务保障这种基本的公民权利。这要求政府通过监管确保消费者支付合理的价格，并对支付能力较弱的低收入群体实行有效的补贴和社会救助政策，确保低收入群体的用水需求和支付能力，同时还要鼓励供水企业实行差别化的价格政策，承担相应的普遍服务义务。社会公平主要包含两个维度：一是横向公平，它要求情况相同的用户应该被同等看待；二是纵向公平，它要求不同收入水平的用户应当被区别对待。

第四，实现环境保护和可持续发展。城市供水、用户用水和污水处理的过程，都会对城市水系统的循环造成影响，工业废水、生活污

---

① 英国水务管理办公室（OFWAT）在监管过程中就明确采用水务企业财务可行性检验，以确保价格监管不会影响企业正常履行其提供服务的经营活动。

水和没有实现达标排放的污水成为加剧水系统环境污染的重要因素。水资源的过度开发利用会对生态环境造成破坏，污水排放则会污染河流、湖泊，导致水质下降。由于水污染的外部性，必须实行有效的政府监管。城市水务监管应坚持“污染者负担”的原则，采用有效的政策工具和政策手段，消除各种水污染，致力于保护水环境，并实行有效的需求侧管理，鼓励居民节约用水，提高水资源重复利用率，减少单位产值的耗水量，以实现社会、经济、环境的可持续发展。

二 监管机构有效监管的制度要素

（一）良好监管的基本特征

如何确保监管体制有效运行，保证很好地实现政府监管的四个目标，确保监管质量，是各国城市水务监管体制设计的重要内容。OECD（1995）发布的《提升政府监管质量建议》指出，好的监管应该具有如下八个基本特征：一是服务于明确的政策目标；二是具有坚实的法律和现实基础；三是具有较高的包含经济、环境和社会在内的监管净收益；四是最小化监管成本和对市场的扭曲；五是市场化为基础的创新激励；六是对使用者来说明确、简便和实用；七是与其他监管政策和公共政策协调；八是与国内国际范围的竞争、贸易和投资促进原则尽可能相容。①

米切尔·罗斯（2007）指出，良好的监管应该具有如下特征：一是具有能制定和实施严格一致政府政策的政府组织机构；二是政府具有制定和实施政策的专业能力；三是监管机构独立并且能够以透明的方式来实施政策、法律和法规；四是监管的有效监督和实施；五是有效的信息公开和透明；六是有效的公众参与及制度保障；七是公用企业自主经营并不断提供更高效优质的服务。②

我们认为，政府监管是一个制度体系，良好的监管应该具有如下几个特征：一是好的监管体制应该实行政策制定、监管和运营的分

① OECD, 1995, Recommendation on Improving the Quality of Government Regulation, Paris.

② Michael Rouse, 2007, *Institutional Governance and Regulation of Water Services*, IWA Publishing.

开，实现政企、政监、政社的合理分离；二是好的监管应该实现集权与分权的良好组合，在分权为主的同时强化地方政府的责任；三是相关政府机构应该保持政策的一致性和协调性；四是监管机构应具有独立性，具有实施监管政策法规的充分职权配置，单纯的独立性不是目的而是手段，关键是确保监管机构具有独立决策和实施的权力；五是监管政策制定和实施应有明确的行政程序规定；六是政府监管应该充分发挥市场机制的基础性作用和激励性监管内生的激励相容优势，政府监管不是取代市场，而是培育和维护市场机制的有效运行，让提高效率、安全供应、促进公平、注重环保成为微观主体的内生选择和主动的追求。

（二）良好监管的制度体系

有效的监管治理制度安排涉及多个方面和多种因素，监管体制有效运行最核心的四个构成要素是监管治理制度安排、监管机构体系、监管政策体系、监管透明度及公众参与（见图1－2）。具体来说，一是要建立有效的监管治理制度体系，确保政府监管在良好的制度框架内运行，确保政府监管不偏离预设的目标，确保政府监管实现公共利益目标，这主要包括完善的立法、司法和行政体制以及有效治理的监管监督体系；二是权责明确、能力与资源充足、运转高效和规范的监管机构体系，这需要通过立法明确监管机构职责范围和行政程序规范，科学配置监管机构的职责权限，依法规范的监管政策制定过程，以确保监管行政行为得到合法公正执行；三是灵活、有力的监管政策

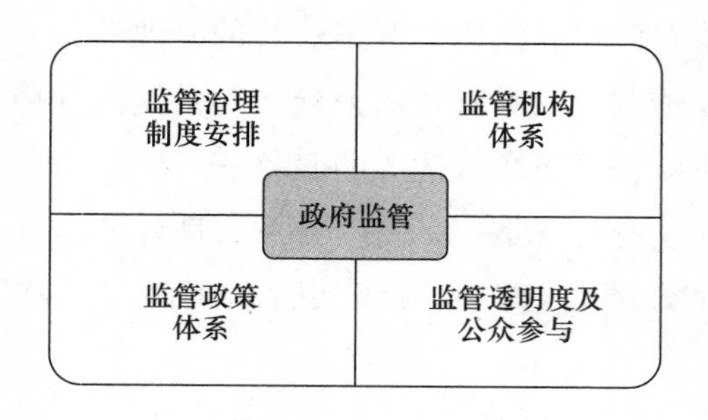

图1－2　良好监管的必备要素

工具和激励相容的政策实施机制，以保证监管政策得到有效的贯彻实施，充分达到监管政策设计的目标，实现效率和效果的统一；四是监管行政行为与过程的透明度和有效的公众参与，有效的监管绩效评价体制和监管问责机制，实现阳光监管和民主监管。

要确保政府监管的质量，必须保证监管的整个过程的有效，建立监管质量过程保证体系。具体来说，一是事前的政策制定过程。监管政策质量保证的制度核心是确保监管决策的独立性和专业性、实行规范有效的监管影响评估（RIA）、利益相关者参与的监管政策公共评论程序。二是事中的政策实施过程。监管质量保证的制度核心是确保监管机构依法定程序来实施监管、具有有效的政策实施手段、良好的跨部门协调机制、政策实施过程的公开透明。三是事后的监管绩效评价过程。监管质量保证制度主要是建立科学的监管绩效评价体系，并有效利用绩效评价结果来促进监管质量的持续改进。[①]

三　监管制度变迁与动态演化

政府监管是政府一项重要的行政职能，其作用的有效发挥，既取决于自身，也依赖政府行政体系的运行。这就是说，政府监管的质量并不仅仅取决于监管机构本身的行政行为和政策工具的应用，政府监管质量很大程度上是由整个国家的监管制度架构（见图 1－3）所决定的。政府监管制度设计只有适合本国的制度基础，才能获得有力的制度支持，才能保持与现有制度的契合并有效协调运行，从而取得较好的监管绩效。

首先，一个国家的政治体制是决定政府监管质量的制度基础。莱维和斯皮勒（Levy and Spiller，1994）指出，一个国家的政治制度影响监管行政过程进而决定了监管绩效。[②] 它从根本上决定了国家的行政组织体制、行业管理体制，一个国家的政治制度主要是界定了政府

---

① 绩效评价既包括对监管政策本身实施效果的评价，也包括对监管机构履行监管职责的评价。国际上欧盟、澳大利亚等国家会定期发布城市水务监管绩效审计报告。

② Levy and Spiller，1994，The Institutional Foundations of Regulatory Commitment：A Comparative Analysis of Telecommunication Regulation，*Journal of Law*，*Economics and Organization*，10（2）：pp. 201－246.

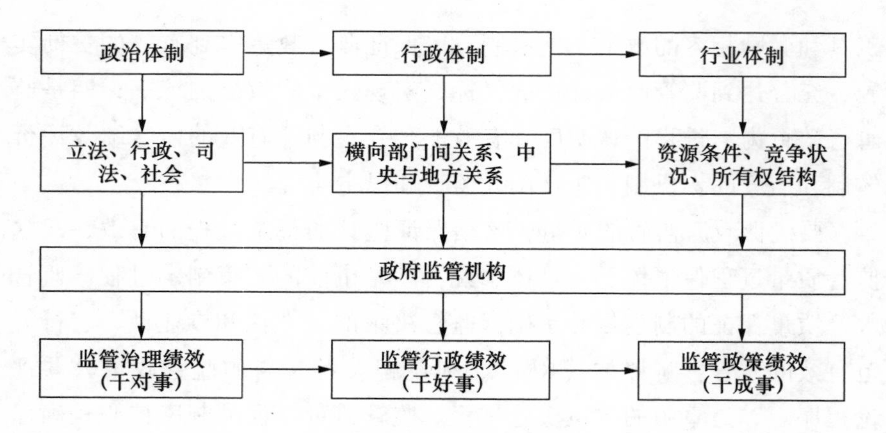

图 1－3　监管质量的制度架构

监管机构与立法机构、行政机构、司法机构和社会公众之间的政治行为关系，进而决定了政府监管治理体系的组成及其运行绩效，决定了监管机构的监管行为是否体现了公共利益目标。如果一个国家的监管体制主要是为特定利益集团所服务，则这样的监管体制就成为维护特殊利益集团的工具，背离了监管机构追求公共利益的基本目标。因此，一个国家监管体制的完善需要从整个国家的行政体制大背景下来设计。

其次，政府监管机构是整个国家行政组织体系的一个组成部分，其监管行政行为的有效运行还取决于行政体制内的横向部门之间、纵向的中央与地方之间的职权配置，以及行政运行关系、行政程序和行政问责机制等，这决定了政府监管能否高效依法履行监管职能。在具体的监管过程中，部门之间和中央与地方之间的职权配置不合理往往会造成诸多监管矛盾，过度监管、监管不足、不合规监管等都是监管失灵的表现。

最后，政治和行政体制决定下的行业管理体制决定了政府监管的政策选择、政策实施和政策执行效果，政府监管政策的实施必须基于本国的资源条件、市场开放程度、行业结构改革程度和所有权结构变化来灵活运用各种政策工具，保证监管政策实施的高绩效。这既包括监管政策的实施能实现包括经济、社会、环保在内的监管目标，监管政策的实施能促进行业效率提高，监管政策实施具有较低的行政成本和企业执行成本，监管政策实施能较好地实现不同利益主体之间的激励相容。

从动态的制度演化来说，没有最好的监管制度，只有最适合的监管制度。一国的监管制度设计不仅必须与本国的制度基础相契合，并且还要保持整体的协同演化，从而持续保证政府监管的高质量。因此，监管体制改革不是一蹴而就的事，而是一个动态长期的制度演化过程。市场化改革和政府监管是一个互补的关系，在转型国家，有效的政府监管是保证市场化改革成效和促进社会公平正义的重要制度。同时，政府监管要实现良好的监管绩效必须保证政府监管体制和监管政策与整个城市水务行业的体制变迁相同步、相适应，保持动态的高匹配度。

从中国城市水务行业的体制变迁来说，在传统的计划体制模式下，政府投资、国有垄断经营，企业没有明确的利润动机，城市水务是地方政府重要的社会事业领域，带有明确的福利性特点，因此政府监管主要是采用行政计划体制，政策重点是保证充足供应，防止短缺出现。在市场化改革过程中，城市水务行业逐渐实现了投资主体和经营主体的多元化，民间资本和民营企业逐步进入，为此政府不能再实行传统的计划管理体制，而是更多地采用基于利益导向的间接性行政管理，逐步向现代监管体制转变。在市场经济体制下，私人投资、商业化经营和私有企业成为主导，政府监管体制主要是市场化的依法独立监管，法治成为行业有效运行和政府有效监管的核心，对于具有明确利润追求的私人水务企业，政府监管的重点是防止其滥用市场势力来伤害消费者的利益，并确保饮用水的安全供应和污水的环保处理。近年来，随着中国城市水务行业大力实施公私合作（PPP）改革，各种社会资本进入和各种新的投融资方式的出现，都对政府监管提出了更多的新的要求，传统监管体制机制的适度不适应性日益凸显，客观上要求不断创新政府监管体制，应对城市水务监管中不断出现的新问题和新挑战，实现城市水务行业体制模式和政府监管体制之间的有效匹配，确保城市水务监管的动态有效性（见表1－1）。

表 1-1　　城市水务行业体制模式和监管体制之间的匹配性

体制模式	计划体制	市场化转型体制	成熟市场化体制
微观基础	政府投资 事业化经营 国有企业垄断	政府投资主导 企业化经营主导 混合所有制结构	私人投资主导 商业化经营 私有企业主导
监管体制	行政管理 行政计划直接干预	基于市场的行政管理 利益导向的行政间接干预和行政直接干预并存	市场化的依法独立监管 企业依法运行与政府依法监管并行
监管政策重点	保证稳定可靠供应	推进市场化和培育竞争的同时确保合理价格和安全可靠供应	防止垄断市场势力滥用和保证供应安全

四　微观企业制度与政府监管政策手段的匹配性

从世界范围内来看，在城市水务行业存在各种不同的企业产权制度形式，包括国有独资企业、私人独资企业等单独所有权企业，以及大量的混合所有制企业，如公私合作企业、公公合作企业（Public - Public Partnership，PuP）等。从各国水务行业实践和经济学分析结论来看，在城市水务行业并不存在某一种企业产权制度形式明显优于其他产权制度形式。私有水务企业在英国等国家相对普遍，但是，法国等国家水务企业的私有化改革却并不成功，近年来又重新通过回购实现水务企业的国有化；而且即使在英国、美国等国家，城市水务行业企业产权制度也具有多样性，往往是多种所有制形式并存。

一个国家城市水务行业的有效运行，需要政府监管体制和监管政策手段能够很好适应不同微观产权制度形式，提高监管政策手段的应对性和有效性。这就是说，一个国家城市水务行业的监管必须基于微观企业产权制度基础来设计，对国有水务企业和私有水务企业采取差别化的监管政策手段。

国有水务企业监管面对的主要问题是企业运营的低效率问题，国有垄断经营导致企业缺乏改进效率的激励。国有水务企业的低效率主要是因为政府实施的非经济目标导向的低价格管制和政企不分带来的软预算约束问题。因此，国有水务企业的监管重点是建立有效的企业激励机制（主要是竞争和实行激励性监管手段）来促进企业效率改进，深化市场化改革以消除政企不分和软预算约束的制度基础，确保监管政策的竞争中立，从而促进包括生产者和消费者在内的社会总福利的提高。

私有水务企业监管面临的主要问题是企业较强的利润动机会造成对公共利益的损害。由于私有水务企业主要是以营利为目的，因此私有水务企业有激励通过制定过高价格、价格管制下的低质量供应（降低成本）以及通过“套牢”政府来获取超高的投资回报和利润率。因此，政府监管的重点是防止其滥用市场势力和信息优势地位来侵害消费者利益和“套牢”政府，政府监管应重点强化成本和价格监管，防止价格不合理地过快上涨，实行收入上限和建立暴利控制机制[①]，强化供水质量监管和安全供应责任，完善企业经营风险分担机制，防止管制俘获，从而保护消费者的利益和社会公共利益。

第三节　中国城市水务行业监管制度供给的短板

一　城市水务行业市场化运行体制机制尚未充分形成

新中国成立后，国家实行计划经济体制，水资源被视为一种公益性产品，由国家负责城市供水，城市水务行业基础设施也由国家负责投资建设和维护，从而形成国有垄断经营和政府严格监管的城市水务运营体制。改革开放以来，国家逐步推进城市水务行业的市场化改革，但是由于改革相对滞后和缺乏系统设计和整体推进，传统的计划体制仍然影响着城市水务行业的运行体制。

① 政府监管主要是保证公用事业投资者获得长期稳定的收益而不是获得短期暴利，从而保证长期稳定供应，而不是实行“赚了就跑”的投机行为。

（一）城市水务行业计划体制的主要特征是城市供水行业政企高度合一

这种关系具体主要表现在：自来水行业的投资完全由政府通过财政资金来投入，水务企业生产计划和决策都是由市级主管部门制订，自来水公司和污水处理企业的领导人由市级政府主管部门委派和考评，自来水公司和供水企业的经营亏损也由政府财政弥补。在这种体制下，政府投资、政企不分、事业化管理，企业没有经营决策自主权，没有独立的企业利润目标追求，由此造成城市水务企业存在严重的“软预算约束”问题。城市水务企业实质上是政府机构的附属物和实现政府社会性目标的事业单位。

（二）国有企业主导的行业市场结构

自2002年建设部颁布《关于城市公用事业市场化改革的指导意见》、2004年颁布《市场公用事业特许经营管理办法》、2005年国务院发布《关于鼓励支持和引导个体私营等非公有制经济发展的若干意见》等政策以来，民间资本以各种形式进入城市水务行业，投资主体和运营主体的多元化格局初步形成。目前，中国城市水务行业总体上仍体现为国有经济主导的特点。根据对全国430个城市937家水务企业所有权性质的调查，在937家水务企业中，事业单位有102家，占10.98%；国有及国有控股企业有513家，占55.22%；民营企业有182家，占19.59%；外资企业有38家，占4.09%；港澳台资企业有26家，占2.80%；其他企业有68家，占7.32%。[①] 由此可见，传统的事业单位和国有企业依然是城市水务行业的主体。由于行政性进入壁垒、政策不稳定和政策缺陷，总体来说，城市水务行业仍体现为明显的投资主体单一和国有经济主导的特点。

（三）行政性地区垄断经营

目前，我国大部分地区受当地的自然地理、水资源和经济技术发展水平的限制和影响，各个城市的供水和污水处理企业实际上是以城

① 王俊豪等：《中国城市公用事业民营化绩效评价与管制政策研究》，中国社会科学出版社2013年版，第151—152页。

市为中心建立起来的。因此，城市规模的大小直接影响到自来水公司等水务企业的生产经营规模，且城市与城市之间的自来水输送管道网络大多被没有使用自来水的农村地区所分隔，从而形成了自来水公司在各自的城市范围内实行区域性垄断经营。这就决定了城市的规模决定着供水和污水处理公司的经营规模和经营区域范围，在城市政府投资经营和管理体制下，每个供水和污水处理公司的管网系统被地域分隔，各自在本地区行政划定的范围内实行独家垄断经营。

（四）福利性居民用水供应体制

从消费侧来说，计划供水体制的重要特征是实行福利性供应。在计划供水体制下，城市供水是作为政府必须承担的一种社会性福利，并没有将水资源看作一种经济性商品，城市供水水价更多地被赋予实现社会目标的工具，因此一直没有建立有效反映供水成本和环境成本的价格形成机制，一直实行低价格的福利性供水。改革开放以来，尽管城市水务行业逐步推进市场化改革，居民水费价格机制改革也在逐步推进，但是，水价扭曲的问题依然十分严重，水价改革中的效率与公平难题依然没有得到很好解决。

（五）市场化价格机制严重缺乏

国家长期以来一直对城市供水价格实行严格的政府监管，对定价原则、定价方法、价格水平和价格结构都做出明确规定。1994 年，国务院颁布的《城市供水条例》提出，“城市供水价格应当按照生活用水保本微利、生产和经营用水合理计价的原则制定”。1998 年《城市供水价格管理办法》建立了市场化导向的城市供水价格监管体制，明确制定城市供水价格应遵循“补偿成本、合理收益、节约用水、公平负担”的原则，目前城市居民水价主要是实行“准许成本加合理收益”的“成本加成”定价方法。《城市供水价格管理办法》还规定，城市供水价格中的利润按照净资产利润率核定，供水企业合理盈利的平均水平应当是净资产利润率 8%—10%。其中主要靠政府投资的企业净资产利润率不得高于 6%，主要靠企业投资的企业净资产利润率不得高于 12%。但总体来说，目前的供水和污水的价格收费制度尚没有充分反映供求和资源环境成本，无法发挥价格机制的基础性作用。

二 城市水务行业监管机构体制运行低效

（一）监管机构之间的横向不协调问题突出

从横向的城市水务行业管理部门之间监管职权配置来看，中国城市水务监管具有明显的多部门分权管理的特点，监管职能条块分割和碎片化问题突出。在国家层面，同一行业的不同监管职权分属不同的政府部门管理，如在城市水务行业，国家层面的管理部门就涉及国家发改委、住建部、水利部、卫生部、环保部等。在城市层面，城市公用事业监管涉及发改委（投资审批）、物价局（价格管理）、财政局（预算分配）、规划局（规划管理）、建设局（公用设施建设）、环保局（环境管理）、卫生局（卫生安全监管）、交通局、园林局、水利局、城管等部门。多部门分权管理体制造成职能分散、边界不清楚、部门间缺乏有效的协调合作机制，造成政府监管低效和失灵。

在地方，城市水务管理往往采取属地化管理，并据此实行行政性考核评价和问责。例如，在一个城市，城市水务行业监管通常要求城市的各个区要对本行政区域的供水、污水处理等的设施建设与维护、饮用水安全等负直接责任。如浙江省杭州市在“五水共治”过程中就采取属地管理，杭州市成立“五水共治”的专门领导机构，同时要求各个区也成立“五水共治”领导小组，负责区内“五水共治”工作。城市水务的地方属地化管理有利于强化政府主体责任，但容易造成城市水务系统监管的不足，尤其是对于跨区域的水污染和污水处理问题难以形成有效的监督问责机制。

（二）监管机构纵向职权配置尚未理顺

从纵向的中央和地方的监管职权配置来看，城市水务监管体现出明显的地方市级政府主导的特点。目前，国家城市水务监管机构负责制定全国性的总体政策，具体实施由各个地方的市级政府负责，省级政府监管部门所起的作用基本不大，基本不具有对地方市级政府城市水务监管实行有效监督与制约的权力，城市水务监管权主要由市级政府负责。市级政府及相关部门不仅负责城市水务行业的规划审批、颁布建筑许可、颁发营业许可（许可证）、授予特许经营权、价格及成本监管、服务质量监管、基础设施建设规划等诸多监管职权。这种体制的优势是能够有较高的行政权威来推进城市水务行业的发展、改革和监管，缺点是其与现代独立专业监管的趋势不符合，并且也不利于和国家与省级政府纵向监管机构的协调。

在城市水务监管机构体制中，很多城市目前还缺乏一个权力相对集中和职责权限明确的独立水务监管机构，城市行政首脑——市长及分管副市长通常具有根本的监管决策权，并协调相关政府部门开展城市水务工作，相关城市水务监管部门则是具体的行业管理执行机构。目前中国的地方城市水务监管实际是市长主导下的行政监管体制，城市市长对本地城市水务行业的投资建设、改革举措和重大监管事项具有决策权[①]，相关下属城市公用事业相关职能部门是具体执行机构（见图1－4）。地方行政首脑对城市水务建设发展、市场化改革和水务监管等问题具有主导决策权的好处是这一体制有利于调动各方力量来促进本地区城市公用事业快速发展和推进改革，但缺点是一种行政主导的方式，与现代监管体制的依法监管、独立监管和民主化监管的要求不相称，甚至成为现代监管体制建立的重要阻碍。

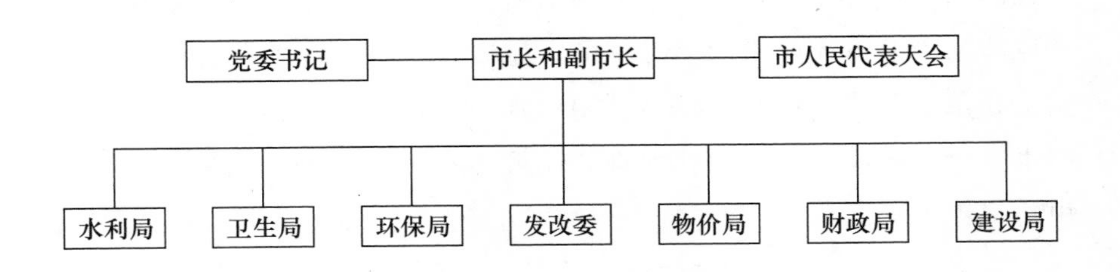

图1－4　地方城市公用事业监管部门结构

三　城市水务行业监管制度供给相对不足

改革开放以来，中国经济社会的不断发展，城市规模的不断扩大，城市人口逐步增加，对城市供排水服务提出了更高的要求。然而，由于城市水务行业长期实行政企合一，水务企业长期亏损，用于

① 城市水务行业的重大决策往往是以市长办公会议的方式来做出决定。

供排水基础设施建设的资金严重不足，水务行业发展滞后于城市化的快速发展。在转型经济国家，监管体制改革具有双重效应：一是消除国有垄断经营和福利供应带来的低效率和社会福利损失，促进城市水务行业高效可持续发展；二是引入竞争和民营化，促进供给增加和让消费者合理分享改革的效率收益，防止私人垄断势力的滥用，促进社会公平。

城市水务行业监管无法满足城市化快速发展对监管制度的需求。城市化快速发展和城市水务行业巨大的供给保障任务要求加强城市水务行业监管。2000 年以来，中国进入快速城镇化的阶段，城市化率由 2000 年的 36.2% 上升到 2013 年的 53.7%。随着生活水平的提高和城市化率的不断提高，城市供水总量将会保持相对稳定的增长，城市供水行业将稳步增长。快速的城市化进程，是城市水务行业快速发展的重要动力，但也对城市水务行业的供给保障能力提出了更高的要求。但是，目前的城市水务行业监管制度供给严重滞后于城市化的发展，城市水务行业基础设施建设历史欠账较多，城市污水处理能力严重不足，目前的污水处理能力和污水处理率明显偏低，一些城市没有经过处理的污水或者没有达标处理的污水直接排放，加剧了城市饮用水安全风险。面对巨大的供给保障任务，城市水务行业需要创新投融资体制，改革监管体制机制，提高饮用水水质和污水处理达标率，保证城市水务行业持续健康发展，促进公民健康和环境保护，为中国新型城镇化提供保障。

城市水务行业监管严重滞后于市场化改革的要求。城市水务行业的市场化改革往往包含投资主体多元化、水务企业民营化、市场开放竞争等措施，私人资本的进入要求必须建立新的监管体制。有效的政府监管体制为市场主体的运营提供了明确的运行规则，并通过监管强化对企业按社会所期望的方式运营提供有效的激励和约束，因此，政府监管是市场机制有效发挥作用所必不可少的制度安排。一方面，有效的政府监管是保证市场化努力推进的保障，只有在行业竞争规则明确和企业投资运营收益有保证的情况下，私人投资者才会有进入的激励，并愿意进行长期的持续投资；另一方面，私人投资者的进入目的是追求利润最大化，因而有更强的激励来提高价格、虚报成本或在价格管制下通过降低服务质量来节省成本，从而伤害消费者的利益。因此，私人资本进入会带来私人利益与公共利益的冲突，政府监管就成为维护公共利益的重要制度选择。

城市饮用水水质安全监管滞后于严峻的饮用水安全风险形势。目前，地下水占中国水资源总量的1/3，是重要的饮用水水源。根据《地下水污染防治规划》，在全国655个城市中，400多个以地下水为饮用水水源，约占城市总数的61%；北方地区65%的生活用水、50%的工业用水和33%的农业灌溉用水来自地下水。由于长期的污水排放和饮用水水源污染形势持续加重，造成城市水环境持续恶化。国家有关部门对118个城市连续监测数据显示，约有64%的城市地下水遭受严重污染，33%的地下水受到轻度污染，基本清洁的城市地下水只有3%。[①] 由于饮用水水源污染的风险一直较高，管网老化带来的二次污染，这都严重威胁城市饮用水水质安全，近年来城市饮用水水质安全重大事故频发，迫切需要建立有效的饮用水水质安全监管和保障体制，并实行有效的应急管理。

现行城市水务行业监管制度供给不足和市场化监管手段缺乏问题突出。长期以来，我国城市水务行业相关监管部门主要从事的是行业管理的工作，工作重点是以项目建设为核心，往往采用投资项目审批等手段来进行行业管理。在市场化改革的过程中，城市水务行业的法律法规、监管机构、行政执法等都没有及时跟进，监管手段仍然主要是行政性审批和监督检查，缺乏市场化的激励性监管政策和监管手段，城市水务行业监管的有效性严重不足。目前，我国城市公用事业缺乏真正意义上的现代监管，监管法律依据不足，立法严重滞后；监管机构设置不合理，多头管理问题突出；监管理念、监管方式、监管手段严重落后，监管有效性差。因此，迫切需要创新城市水务行业监管体系，提高政府监管的有效性。

---

① 根据建设部城市供水水质监测中心《全国城市供水水质督查报告》整理。

四　城市水务监管的多元共治治理体系尚未形成

现代政府监管体制并不是由政府执法机构独自完成的行政行为，现代政府监管强调多元共治的治理体系。多元共治的城市水务监管理念包括两个方面的内容：一是监管实施主体的多元化；二是监管机构监督主体的多元化。

从监管的实施主体来看，政府监管包括政府监管机构、企业与行业组织和公民与社会组织，这三大主体构成了政府监管治理主体的三角框架（见图1－5）。其中，私人规制在成熟市场经济国家城市水务的监管中发挥了重要的不可替代的作用。私人规制也称为“自我规制”，是由行业组织或企业自愿实施的规制制度安排。目前，私人规制的主要方式有行业规则和标准制定，监督法律、规则和标准的实施，产品或服务质量认证，对违规行为的惩戒，培训与教育、推广新技术新工艺。目前，私人规制的权力主要源于合同、授权与自身使命三条路径，并因此而形成了合同型私人规制、授权型私人规制和自主型私人规制三种私人规制类型。私人规制与政府监管是互补关系而非替代关系，能有效发挥政府监管机构无法发挥的自主监管作用，弥补政府监管机构监管能力不足和监管效果有限的缺陷，能有助于提高监管的质量和有效性。在成熟的市场经济国家，企业自治和行业自律是非常重要的私人规制治理方式，企业为了长远利益，在信用机制和声誉效应的作用下，具有内生的提高效率和提供优质产品或服务的激励，同时行业协会组织发挥了非常重要的行业自律作用。私人规制与政府监管的关系决定了其制度架构和作用的发挥，长期以来，中国城市公用事业监管是明显的“强政府”的政府监管机构主导监管事务的模式，目前中国的政府监管完全是政府的责任，政府“大包大揽”，排斥私人规制，缺乏私人治理机制，严重限制了私人规制作用的发挥，行业协会、中介组织的行业监督和约束作用发挥不够，压制扭曲了私人规制治理的内在激励。改革开放以来，一些行业组建了由政府主管部门牵头的行业协会组织，由于这些行业协会具有明显的行政权力色彩，成为产业利益集团俘获政府监管机构并影响监管政策制定的重要机制，同时也造成一些行业协会成为谋取私利和官员腐败的重要途径。

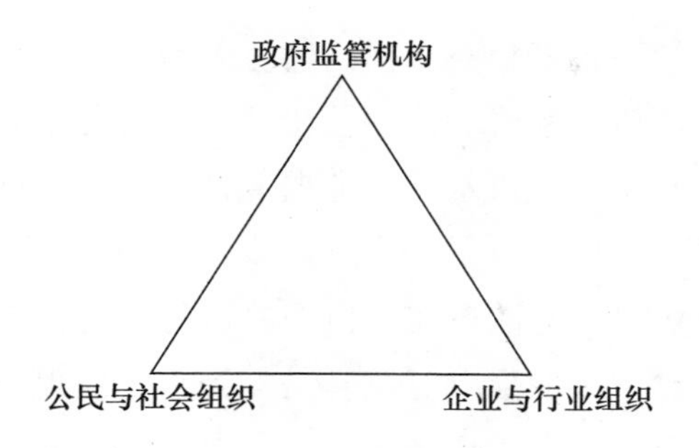

图1－5 监管治理主体的三角框架

从政府监管机构的治理主体来说，政府监管机构的监督治理主体既包括传统的立法、行政和司法的监督，也包括在政策制定、政策实施和监管绩效评价中利益相关者的参与，包括信息公开、公众参与、新闻媒体舆论监督、民间公益组织等。目前，中国城市公用事业政府监管机构的行政执法存在不作为和乱作为问题，政府监管机构的问责主要是上级对下级的问责，缺乏有效的立法监督和司法审查，传统的行政主导的监管问责体制在事后惩罚上比较有效，但是，在事前防范、事中随时监督和调动监管机构积极性、提高监督效率等方面仍然存在较大的问题，尤其是由于政府监管信息不公开和对公众参与的排斥，民间组织受到打压和排斥，造成政府监管社会监督严重缺乏，政府监管的公信力相对较低，群众满意度较差，严重影响了政府监管的社会认同。

第四节 完善中国城市水务行业监管体系的导向

根据2017年1月12日国务院印发的《"十三五"市场监管规划的通知》提出的"树立现代市场监管理念，改革市场监管体制，创新市场监管机制，强化市场综合监管，提升市场监管的科学性和有效性，促进经济社会持续健康发展"的总体要求，"激发市场活力、规范市场秩序、维护消费者权益、提高监管效率、强化全球视野”的指导思想，坚持依法依规监管、简约监管、审慎监管、综合监管和协同监管的原则，针对中国城市水务行业监管的现状，未来加强和改善城市水务监管的基本导向为以下几个方面。

一　构建市场机制与政府监管协调共进的监管体制

深化市场化改革与加强政府监管是保证市场机制有效发挥作用和促进社会福利的重要保障，两者相互匹配与协调共进是现代市场经济国家保持市场有效的基本经验。市场机制不仅是实现资源优化配置的基础，也是调动经济主体积极性、实现有效激励的重要机制。尽管城市水务行业是涉及百姓生活的重要基础性产业，但是城市水务行业并不是与市场机制相冲突，市场机制仍然是促进城市水务行业健康发展和实现有效监管的重要前提基础。因此，城市水务行业监管首先要处理好政府和市场、“有形之手”和“无形之手”的关系，在实行最严格的城市水务监管政策、进一步加大对危害城市供水安全的严重违法行为处罚力度的同时，充分发挥市场在资源配置中的决定性作用，与此同时，政府监管体制和机制要根据市场化改革的推进而及时跟进调整，不断适应市场化改革的新要求，实现市场机制和政府监管的协调共进。

具体来说：一是要继续推进简政放权，取消各种不合理的事前审批和对竞争领域的各项监管，市场机制能有效发挥作用的领域坚决交给市场。二是继续推进城市水务行业市场化改革，尤其是投资主体和经营主体的多元化，近期重点推进 PPP 改革，积极引导社会资本参与城市供水、污水处理和水环境治理，充分发挥市场机制在促进城市水务发展中的决定性作用。三是充分发挥市场机制和价格机制在调动微观主体积极性中的激励作用，通过实行阶梯水价、差别水价、水资源税、生态补偿机制、排污权交易等制度，实现有效的需求侧管理和实现污染外部性的内部化，充分激励相关主体节约用水、减排污水和提高水质的内生动力。四是注重发挥市场机制引导微观主体自治的内生治理机制的作用。在市场竞争机制下，微观主体不仅有激励提高效率，也有激励提供优质的产品或服务，从而减轻政府监管的负担。为此，需要改变政府主导一切、包揽一切的监管方式，注重发挥市场机制中信用机制的私人规制作用，建立以信用为核心的新型监管机制，强化企业自我约束功能。通过信用监管机制，完善企业信息公示制度，提高信息透明度，降低市场交易风险，降低政府监管成本，提高经济运行效率。

二 完备依法监管的法律体系和保证体制

（一）依法监管是实现监管法治化的要求，也是提高执法有效性的重要制度基础

我国城市水务法规体系，是由关于城市水系统运行、发展、监管等的法律规范组成的法律法规系统。我国城市水务法规体系中虽然已经制定了一定数量的法律法规，但城市水务法律法规体系不完善、不协调的问题十分突出，许多立、改、废工作亟待进行，无法可依、有法不依、执法不严、违法不究的现象仍然存在，亟须完善对水资源使用、水环境保护、饮用水水质、行业运行体制、政府监管体制、公众参与、信息公开等重大问题做出明确、科学的法律规定，从而保证城市水务运行有法可依和执法有效。

（二）城市水务监管需要运用法治思维和法治方式创新和加强监管

按照全面依法治国、建设法治政府的要求，加强市场监管法治建设。根据简政放权和依法监管的要求，应该及时制定完善城市公用事业监管的法律法规，颁布专门的城市水务监管法，并及时对现行的关于价格监管、水质监管和饮用水标准等法律、法规进行修订完善，对于不符合市场化改革要求和严重不符合现实状况的有关法律法规或者有关的条文及时加以废止，为简政放权之后行使监管执法职能、规范行政监管和提高执法的有效性提供制度引领和执法手段保障。对于城市水务监管中的各种违法行为，尤其是严重影响城市饮用水安全的违法行为，要加大处罚力度，引入环境污染刑事责任和公益诉讼制度，增强监管执法的威慑力、公信力，使监管对象不敢触碰违法运行的红线。

三 形成具有监管合力和较高监管效能的机构体系

监管机构是实施监管的主体，是保证监管有效的核心。针对中国

城市水务监管机构体制的现状，监管机构体制改革应该重点明确以下几点：

一是继续深化综合执法改革和强化部门联动。建立跨部门、跨行业的综合监管和执法体系，把相关部门的监管事项和规则放到统一的监管平台上。为了彻底解决目前多头监管执法和权责交叉的问题，可以适时推进市场监管的大部门制改革。

二是深化行政体制改革，明确监管机构的职责权限。按照健全与市场经济体制相适应的现代化政府监管体系的要求，有步骤协同推进简政放权与市场监管改革，明确监管机构的权力清单和责任清单，对于不该管的领域要坚决交给市场，坚决取消不合理的行政审批和收费管理，对于需要监管的领域要加强事中和事后监管，同时要简化监管行政程序，完善审批流程，创新服务方式，提高监管行政效率，凡是需要加强事中和事后监管的，都应当明确监管任务、内容、标准等。各个相关部门要健全分工合理、权责一致的职责体系，做到监管有权、有据、有责、有效，避免出现监管过度或监管真空现象。

三是创新监管机制，提高监管效能，改变传统的行政命令式计划经济体制的市场监管方式，实施激励性监管，注重利益激励，调动微观主体主动提高效率和供应质量的积极性。

四是推行智慧监管。积极运用物联网、云计算、大数据等信息化手段创新和加强政府监管，全面开发和整合各种监管信息资源，加快中央部门之间、地方之间、上下之间信息资源共享、互联互通，提高政府监管智能化水平。

四　树立系统监管的理念和建立系统监管实施体制

城市水系统是一个复杂的生态系统，系统之间具有复杂的交互影响关系，其中任何一个环节出现问题都会最终危及城市的供水安全。因此，需要以系统性思维来加强城市水务系统性建设，从水资源环境、水源有偿使用、安全高效供水、经济用水和有效节水、减少污水排放和高标准处理、再生水的循环利用的整个过程进行系统性整合，建立遵循水自然循环规律和经济社会用水规律，各部分协调运转的城市水务系统。

一是改变传统的无偿使用和廉价使用稀缺水资源的局面，促进水资源的节约使用，将水的二次利用作为重要的水源，分类使用和分类定价，并加强城市供水水源保护和风险监测，确保水源安全；二是在供水环节要加强基础设施建设和流程管理，减少渗漏损失和二次污染；三是在用水环节综合采取经济和技术手段来提高用户的用水效率和节水激励；四是在排水环节，强化排放标准，确保企业达标排放，并根据各类排水水质和用水水质情况，采取差别收费降低企业排污的外部性，并强化规划和管理，做到雨污分流，污水集中排放，以提高水利用效率和减轻城市集中污水处理量；五是在城市集中污水处理环节，建立与现代化城市排水及水生态环境相适应的污水处理规模和能力，并重点强化将处理后符合用水水质要求的水作为新的供水水源进行二次回用；六是加强水资源生态环境维护，创建与城市发展相协调的水生态环境。

根据系统性思维，城市水务监管是一项涉及面广、综合性很强的系统工程，必须树立系统监管的理念，统筹设计，总体规划，协同推进，统一实施。一是系统总体规划。城市水安全监管首先需要一个城市具有系统全面的城市水安全和建设发展规划，缺乏系统、合理和长短期有效结合的规划往往是造成城市水安全问题的深层次原因。因此，只有树立系统监管的理念，将城市水系统整体规划，系统推进，才能保证城市水安全。如浙江省提出“五水共治”的理念，将城市“治污水、排涝水、防洪水、保供水、抓节水”统一协调起来，进行系统治理。二是建立系统协调的城市水务监管体系。城市水务监管应该改变传统的局部单环节监管体制，打破传统的条块分割的监管体制弊端，建立有效的跨部门、跨区域监管协调机制，从而建立覆盖全系统的城市水务监管体系。

五　构建多元共治的监管治理体系

有效的监管治理体系是确保监管事项公共利益目标的重要保障，为此需要加快建立现代化监管型政府，切实提高政府治理水平，从而更好地推进国家治理体系和治理能力现代化。顺应现代治理趋势，努力构建“企业自治、行业自律、社会监督、政府监管”的社会治理新机制。积极推动社会共治立法，明晰社会共治主体的权利和义务，加强社会公众、中介机构、新闻媒体等对市场秩序的监督，构筑全方位多元共治的监管新格局。一是注重发挥行业组织的自律作用。从发达国家的经验看，行业协会在行业准入、标准制定、行业规范等方面发挥了重要的监管作用，行业协会的地位在某种程度上甚至超过了司法部门和行政执法部门，为保证其独立公正发挥监管作用创造了有利条件。为此，需要加快行政性行业协会向市场化民间自律组织转变，取消行业协会承担的行政职能和消除政府官员担任行业协会领导的现象，形成行业协会、商会自律的基础制度，发挥行业组织在监管标准制定、监督企业自律中的重大作用。二是强化对监管机构的监管问责。城市水务监管需要建立包括立法、行政、司法和社会监督在内的多元监督治理体系，近期重点是提高监管机构的可问责性，强化监管绩效考评和行政问责；要建立对监管者的监督、评估机制，加强政府内部层级监督和专门监管，健全并严格执行监管责任制和责任追究制。三是推进城市水务监管信息公开。凡是不涉及国家秘密和国家安全的，各级政府都要把简政放权后的监管事项、依据、内容、规制、标准公之于众，并对有关企业、社会组织信息披露的全面性、真实性、及时性进行监管。四是创新政府监管社会监督的途径和方式。如杭州市在“五水共治”的治水过程中特别注重发动社会各个层面建立监督机制，实施了“民间河道长”等市民监督；在电视上专门开辟了专门栏目实行新闻媒体监督；各级人大定期对各级政府和部门的治水情况进行评价的人大监督；以及市民通过多种方式来对政府部门执法绩效进行评价的市民评议制度。

第二章　城市水务行业监管国际经验借鉴

第一节　英国：统一的独立监管模式

英国城市水务监管模式是典型的私有企业经营和实行独立经济性监管模式的国家。英国这一充分市场化的监管模式主要体现在英格兰和威尔士地区，自1989年全面推进水务行业私有化改革以来，这一地区的水务行业的资产完全属于私人所有权，行业运营管理主要由私有企业来进行。英国实行经济性监管和社会性监管相分离，对水质、水资源的监管由专门设立的全国性专业监管机构负责，同时政府设立独立的经济性监管机构来负责对私有企业的监管，以维护行业发展的公共利益。英国模式取得了很大的成功，私有化和市场竞争有效促进了行业发展效率的提高，独立的监管机构体制也保证了行业健康发展和维护消费者的利益。

一　基本状况

英国是一个高度中央集权的君主立宪制国家，立法权与行政权联系在一起，首相是代表英国王室和民众执掌国家行政权力的最高官员。英国有25000平方千米国土面积，由英格兰、苏格兰、威尔士和北爱尔兰四个地区组成。国家行政组织分为地区、县、区和教区。

英格兰和威尔士（E&W）地区的水务行业完全私有化，并建立了独立经济性监管机构。在苏格兰和北爱尔兰，城市水务主要是由市政公用供水企业经营，没有私有化。英格兰和威尔士有39个私人水务公司，拥有90%以上的水务市场份额。其中，同时提供水与污水处理的企业有 10 家（称为 WASC），剩下的 29 家公司为单一供水企业（称为 WOC）。近年来，在兼并及私有化的过程中，单一供水企业数量不断下降。在英国，10 家大型一体化水务公司负责调水、供水、污水处理、供排水工程建设与运营维护，自负盈亏，建设资金由水务公司在市场上融资解决，水务公司有权在水务办公室确定的价格上限范围内自由定价。

英国每年大概生产 160 亿立方的自来水，地表水是主要的生产资源并且占据了 70% 的生产量。从自来水的生产产量来看，电力部门是最大的消费者，其次是饮用水供给部门，它们分别占 42% 和 37.5% 的消费量。

二　监管法律

英国水务监管的法律主要是政府颁布的《1991 年水产业法》《水资源法》《2003 年水法案》《环境法》和《欧盟水框架指令》，这些法律提供了基础的法律框架。在英格兰和威尔士地区，水务监管的主要法律为 1973 年的《水资源法》（在 1983 年、1989 年、2003 年修改多次）和《水行业法》（1991 年、1999 年修改）。《水资源法》对水务行业有重大影响，使水务行业企业实现了跨区域并购，1989 年修改后的《水资源法》最主要的成果是推进了水务部门的私有化，2003 年的修订推动了水务监管办公室的设立。1991 年的《水行业法》明确了城市水务监管机构的职责权限，以及消费者的权利和义务，1999 年的修改促使独立监管机构——苏格兰水务监管委员会的成立。

为了更好地指导实践，水务监管机构在相互沟通的基础上制定相应领域的技术性指导文件并及时发送给各个水务公司，每个水务公司日常的运行当中都非常重视执行监管机构发布的《指引》，这对英国水务行业的发展和企业高效规范运营起到了重要的推动作用。

在英国，1998 年《竞争法》明确也适用于城市水务行业开放竞争的领域，水务行业竞争性业务中的企业合谋行为、滥用市场支配地位等将受到竞争法的制裁。

三　监管机构体制

在英格兰和威尔士地区，水务部门主要机构包括政府，环境、食品和农村事务国务大臣（SSEFRA），环境、食品和农村事务部（DEFRA），监管机构（OFWAT），环境署（EA），水务消费者委员会（CCW），饮用水监管委员会（DWI），竞争委员会（CC）和经营者协会（Water UK）。

在政府层面，英国水务监管主要是由英国政府环境部门——环境、食品和农村事务部负责，英国环保部设立了环境署、水务办公室和饮用水监管委员会三个监管部门，分别独立负责水环境监管政策、水务市场监管和水质监管事务。英格兰、威尔士、苏格兰和北爱尔兰地区水务主要监管机构如表 2－1 所示。

表 2－1 英格兰、威尔士、苏格兰和北爱尔兰地区水务主要监管机构

地区	水资源管理机构	环境监管机构	水质监管机构	经济监管机构
英格兰和威尔士	环境、食品和农村事务部	环境署	饮用水监管委员会	水务监管办公室
苏格兰	苏格兰环境保护局	苏格兰环境保护局	饮用水质量监管机构	苏格兰水务委员会
北爱尔兰	环境与遗产局	环境与遗产局	饮用水监管委员会	北爱尔兰公用事业监管局

政府环境署是环境监管机构，重点是保护水环境，维护和改进英格兰和威尔士地区的淡水、海水、地表水和地下水的质量，减少和降低水污染。其工作主要包括制定环境标准、发放取水许可证和排放许可证，实行水权分配、取水量管理、污水排放和河流水质控制、对守法行为进行评估等。

水务监管办公室是对英格兰和威尔士地区的饮用水及污水处理行业私有企业进行独立监管的机构，负责维持水务行业运行、保护消费者利益、确保公司财务可持续、促进经济效率、引入竞争等，其具体职能包括发放经营许可证、水价监管、企业财务监管、投资激励以保证供水可靠性、服务质量监管、企业垄断行为监管、信息公开和消费者服务等。

饮用水监管委员会是一个独立的机构，自 1990 年起就负责监控英格兰和威尔士地区的饮用水水质，其主要职能是制定水质标准并监管英格兰和威尔士地区的饮用水安全，其主要职责是保护及检查英格兰及威尔士的饮用水质量标准，负责处理消费者投诉并调查与水质相关的事故，有权对相关责任公司进行处罚。饮用水监管委员会每年在水供应特定区域进行数百万次的检测，包括水务公司的工作间、输送系统和消费者终端水龙头等。同时，饮用水监管委员会还受理消费者的投诉并对影响水质的事故进行调查。

水务消费者委员会是由 OFWAT 建立的，目的是实现监管的公众参与，保证监管的可问责。水务消费者委员会在英格兰地区设有 9 个地区委员会，在威尔士地区设有 1 个地区委员会，各地区委员会负责监督所在地区的水务公司经营情况，受理消费者投诉并向监管机构反映等。水务消费者委员会对实现监管机构与社会公众的有效协调和沟通，在构建社会监管治理中发挥了重要的作用。

竞争委员会是根据 1998 年《竞争法》设立的，它代替了“垄断与兼并调查委员会”，来促进和保证英联邦的市场竞争，它负责对企业并购、市场滥用等垄断及反竞争行为进行监管。

水务经营者协会是由城市水务经营者所组成的行业组织，其主要目的是在国家和欧盟层面上代表会员并保护会员的利益。同时，水务经营者协会在水务企业、监管者、政府和民间社团之间扮演很重要的中介角色，协调沟通彼此间的关系。

英格兰和威尔士地区水务监管制度框架如图 2－1 所示。

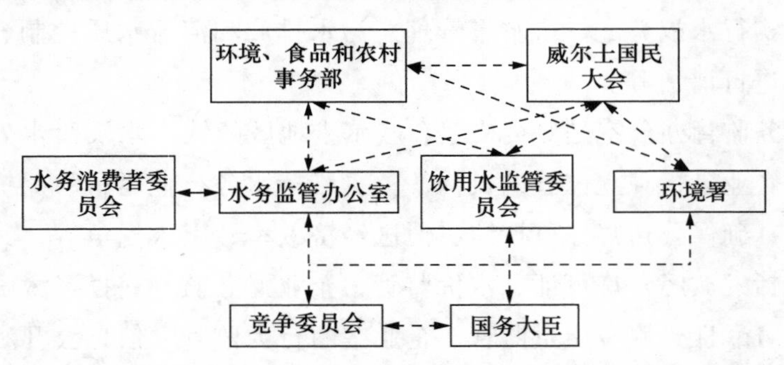

图 2－1　英格兰和威尔士地区水务监管制度框架

四　主要监管政策

（一）价格监管

英国水价实行激励性最高限价定价方式，其公式由 RPI ± K 组成，即价格的确定主要依据监管周期内的物价指数和 K 因子来确定的。具体来说，首先由资本投资项目支出、资本收益及税收来确定厂商的必要收益；其次与消费者的收入基数相结合来最终确定价格上限（RPI ± K）。K 因子的确定公式是：

$$K = -P_0 - X + Q \pm V \pm S$$

其中，P_0 表示基于前期收益调整后的收益，X 表示周期内的预期生产率改进，Q 表示期望的质量标准，V 表示供给安全和可靠性提高要求，S 表示提升的服务水平。

在英格兰和威尔士地区，水价上限的调整周期是 5 年，价格调整主要有三步：

第一步，运用标杆标准来估计生产效率和生产收入，建立效率计算的矩阵图。

第二步，确定投资计划（资产管理计划），一般由水务企业提出建议，然后需要得到监管市场的认可。它必须包含有效维护和服务质量提高的各项因素。比如，基础设施投资水平应保证服务质量不会恶化。供水部门系统评估的质量因素包括爆裂次数、低压、截断和饮用水水质异常。

第三步，确定水务企业回报率，特别是资金消耗和折旧资产的计算。这些支出包括调整后的资产价格，这源于供水部门对于水务行业企业资产基数调整的评估，资产支出由资本资产定价模型计算得到。

1990 年以来，价格上限监管实际上并没有降低英格兰和威尔士地区的水价。在 2007 年消费者人均水费为 390.3 欧元，其中 187.6 欧元为供水费，202.7 欧元为污水处理费。相对于 1989 年的水价来说，消费者人均水费上涨了 42%。水价之所以没有下降，是因为欧盟环保标准不断提高导致水价中的污水处理费明显提高。但是，价格上限监管极大地促进了行业绩效提高，水务行业获得了持续稳定的投资增长，这些投资促进了水务行业在质量标准方面的显著进步，同时也明显提升了环境质量和服务质量，企业运营效率和技术进步都持续改进。

英国水费计量有计量收费和非计量收费两种方式，计量收费是对装有水表的家庭，按照用户的实际用水量计收水费，非计量收费是按照用户财产的可计价值收取水费。虽然目前实行计量收费的用户仅占总体的1/3，但是，水务公司对于新增用户均普遍采用计量收费方法。对于实行计量收费的用户，水务公司除按其用水量收取供水费和排污费以外，还收取一定的固定费用，固定费用根据供水及排污服务管道的规模大小分级确定。

（二）服务质量监管

水务监管办公室于1997年制定了“服务标准保证方案”[①]，对水务公司的服务绩效进行了较为全面的监管，主要服务标准包括遵守与顾客的约定、答复顾客账单疑问、对顾客意见及时反应、预先通知中断自来水供应、及时安装水表、排除溢水和处理自来水低压问题等许多方面。作为服务承担者的水务公司如果未能达到规定的绩效标准，则必须向家庭用户和非家庭用户赔偿。如果自来水经营企业不能达到这些标准，顾客有权要求经济赔偿，企业每次不能履行服务标准的赔偿额一般为10英镑，企业应该主动向顾客提供赔偿。如果企业和顾客发生赔偿纠纷，双方都可以要求监管机构做出仲裁。

对于服务质量，监管机构每年出版一部年度评估报告，对水务行业的服务水平做出评估。报告包括水压不足、供水中断、使用限制、洪水等方面，以及账单处理、消费者投诉、电话联系方便程度等。为了促进企业提高服务的质量，水务监管办公室根据服务水平绩效评价，对排名前五位的水务企业给予相应奖励，对排名后五位企业实行一定的惩罚。同时，监管机构实行的绩效标杆管理在激励水务企业改善提供服务质量方面发挥了重要作用。

---

① OFWAT, 1997, The Guaranteed Standards Scheme, Birmingham: Office of Water Services.

第二节　美国：分权的独立监管模式

美国是一个联邦制国家，国家层面没有设立专门的城市水务监管机构，城市水务行业监管是由州政府来负责，各州都设立综合性的城市公用事业监管机构，对城市供水、供电、燃气、交通、通信等实行统一的经济性监管。

一　基本情况

美国是一个联邦制国家，国家由50个州组成。根据宪法，联邦政府不能变更州政府的权力。联邦政府负责全国性事务，州政府负责州内事务，保证居民获得可靠的供水、供电等公用事业服务是州政府的重要职责。美国州以下的政府被称为地方政府，包括郡、县、镇等。

美国城市水务行业企业基本同时从事供水和污水处理业务，大部分企业是市政公共企业，私有水务企业数量并不占主体，私有供水企业供水人口比重仅占美国总人口的10%，并且私有供水企业大都是规模较小的小企业。水务行业公共企业的所有权归地方政府或城市所有，公共水务企业提供了全国84%的供水和95%的污水处理。在实际运营中，通过特许权经营，一些公共企业有私人参与运营，但所有权仍然归地方政府。因此，在美国，城市水务行业一直被认为是公共部门。在20世纪90年代初，美国曾对部分大型的水务企业进行私有化，但近年来这些私有化的企业又重新被政府收回。目前，PPP运营模式是美国城市水务行业大力推广的运营模式。

二　监管法律

美国联邦层面的水务监管法律主要是针对饮用水水质安全问题，联邦政府并不制定具体的城市供水价格等经济性监管政策，城市水务监管法律、法规主要由州政府根据本地的实际情况来加以制定和执行。

1972年的《联邦水污染控制法》，于1977年修订为《清洁水法》，成为水务行业环境监管的主要法律。该法制定了国家水质标准，最重要的三项目标分别是“零排放”目标、适合钓鱼和游泳目标、有毒物质名录无毒目标。该法案提供了综合标准、技术工具和财政支持，协助解决污染和较差的水质问题，包括公共和工业污水排放、城市和乡村的污染径流、自然保护区破坏等问题。

制定于1974年的《安全饮用水法》（SDWA）在1986年和1996年经过两次修订，对保证美国饮用水水质起到决定性作用。《安全饮用水法》旨在确保公共供水达到国家标准，饮用水中不包含有害物质。依据该法，联邦环境保护署（EPA）被赋予了制定饮用水水质标准和监管所有州、地方政府和企业执行饮用水水质标准的权力。

上述法律构成了美国水务监管的法律体系，成为影响美国饮用水水质安全监管的重要基础。由于美国是联邦制国家，各州有权根据国家法律制定自己的地方法规，以更好地贯彻执行联邦法律。

三　监管机构

作为一个联邦制国家，美国公用事业监管采取分权管理模式，各州公用事业监管委员会是负责州境内的监管事务独立监管机构，隶属于州政府，州公用事业监管委员会是美国城市公用事业监管的重心，负责对州内的城市公用事业进行独立综合监管。[①] 州水务监管机构涉及水资源局、环保局、公用事业委员会、市政委员会等。如在加利福尼亚州，水资源局主要负责运营和维护州水利工程，提供堤坝安全和防洪，协助地方进行水资源管理、保护和开发，规划未来的水需求。州环保局主要负责水资源保护和分配，发放排污许可证，制定水质标准，进行水质监管等。

州公用事业监管机构在美国城市水务监管中扮演最重要的角色。公用事业委员会是一个综合性的城市公用事业监管机构，主要负责包括水务、电力、燃气、交通等公用事业行业的经济性监管。州公用事

---

① 美国各州的公用事业监管机构并没有统一的名称，纽约、佛罗里达等州为公用服务委员会，得克萨斯、加利福尼亚等州为公用事业委员会，新墨西哥、田纳西等州为公用监管委员会，俄克拉荷马、弗吉尼亚等州为公用事业与交通委员会。

业监管委员会负责城市水务行业私营企业的经济性监管，美国40个州的公用事业监管委员会监管的水务企业共7000家左右，其中，3300家为私人运营的水务企业。这就是说，并不是所有的水务企业都受到监管，州公用事业监管机构监管的水务企业主要是达到一定规模的私有企业。美国水务行业有一大部分企业是由地方政府直接提供，对于政府所有的市政水务企业，监管机构的作用相对有限，地方市政委员会通常有权制定合理的价格。

州公用事业监管机构的监管职责主要是价格监管和服务水平监管，具体包括设定价格、制定服务标准、裁决争议、制定财务标准、运营安全监管、企业并购等。在州公用事业监管机构中，通常设立单独的机构——纳税人倡导者，以保护消费者的利益。州监管机构只对州议会负责，严格按联邦行政法规定的行政程序执法，并保持决策的透明和公开，重大决策必须有利益相关者参与。

以美国加利福尼亚州公用事业委员会（CPUC）为例，它是一个综合性的州公用事业独立监管机构，其主要职责是负责对电力、天然气、电信、水务、公交等行业的私人公司进行监管，以确保消费者以合理的价格获得安全、可靠的公用事业产品或服务。加利福尼亚州公用事业委员会由1名主席和4名委员构成，其下设政府事务办公室、安全与执行局、行政服务局、通信局、能源局、水务与审计局、政策与规划局、法律局、消费者服务与信息局等部门（见图2－2）。其中，水务与审计局主要是对供排水进行监管，主要是供水水质监管、处理水价调整请求、确保基础设施投资和供水可靠性。

美国州公用事业监管机构在其设立时就作为不隶属政府行政部门的独立监管机构，依据行政程序法，它既具有行政执法功能，也具有准司法功能。州公用事业委员会主席不是由政府任命，而是经过选举产生，委员会的行政经费不依赖政府财政拨款，而是由来自固定比例的水费中提取，从而保证经费独立来源。充分的独立性保证了公用事业监管机构的有效运行，美国监管机构体制设计是保证美国公用事业监管具有高的效率和效果的重要基础。

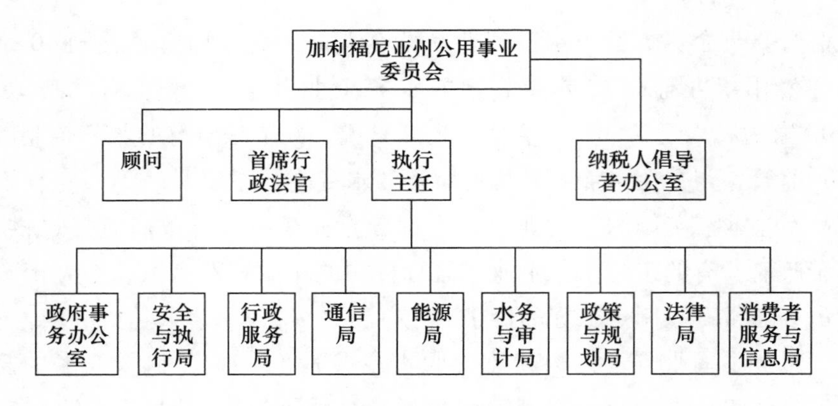

图 2－2 美国加利福尼亚州公用事业委员会

美国独立监管机构体制模式的有效运行建立在良好的法治基础之上，包括完备的法律体系和司法解决争议传统，行政、立法和司法的合理分工与制衡，行政体制具有严格的行政法律约束，社会具有良好的行政监督问责机制、行政部门之间具有良好的行政权力平衡配置等。

四 主要监管政策

（一）水价监管

美国水务价格监管主要由各州公用事业委员会负责。美国各州由于水资源条件、开发难易程度、供水方式和用户需求差异等方面的不同，水价结构和水价形成机制呈现多样化。美国水价定价方法主要倾向于采用完全成本定价法，通过向使用者收费来回收供水和污水处理的成本，以促进可持续的安全水供应。一般情况下，城市居民用水水价根据平均成本制定，包括供水设施的建设、运营、维护成本和外部购水成本等。近年来，由于对资源环境的保护得到日益重视，递减阶梯水价的应用逐步减少，统一水价和递增阶梯水价的应用范围在扩大，同时一些地区还结合了季节性水价或高峰水价政策。

监管部门对水务企业采用投资回报率价格管制方式，在保护消费者利益的同时，来确保投资方获得合理的收益，从而保证行业投资激励，实现稳定的供水。但“收益率”管制方式是一种低效能激励的价格监管方式，这不利于激励水务企业提高效率。地方政府所有的公共水务企业一般受所在地地方政府委员会和水资源委员会监管。为了赢得选民的支持，这些委员会的委员常常制定比较低的水价，这是美国长期维持低水价的重要制度原因。

美国各州的供水价格一般采用两部制水价，但各州的水价结构形式具有较大的差别，大约有1/3的州实行两部制固定水价，1/3的州实行阶梯递减水价，1/3的州实行阶梯递增水价。在收益率监管体制下，监管机构主要监管成本和收益率水平，水务企业对价格结构具有自由选择权，很多企业都根据其服务区的情况自主实行不同形式的差别定价，将阶梯水价和季节水价结合起来，实行复合水价结构。

目前，美国水价是发达国家中最低的国家之一，美国家庭平均水费支出占家庭收入的比重为0.75%，是世界各国中水费支出负担较轻的国家。这一方面减轻了居民的支出负担，另一方面低水价也鼓励了过度使用水，美国是世界人均用水量最高的国家之一。

（二）服务质量监管

美国水务工作者协会（AWWA）采用的水务企业服务质量绩效指标包括：（1）组织发展指标。具体包括组织的最佳实践指数、员工健康和安全、每个员工培训小时数和工作效率（每个员工处理的用户账户数、供水量和处理的废水量）。（2）客户关系指标。具体包括客户服务投诉、居民供水成本、户服务成本、账单准确性和水服务中断。（3）业务规划和管理指标。具体包括债务比率、系统更新/替换率和资产回报率。（4）水务运营指标。具体包括饮用水合格率、管网系统失水率、管网系统的完整性、运营维护成本比率和计划维修率。（5）污水处理运营指标。具体包括下水道溢出率、收集系统完整性、废水处理效率、运营维护成本比率和计划维修率。

第三节 德国：分权的地方行政主导监管模式

德国水务行业不放开自由进入，没有实行大规模私有化，地方政府（市政当局）大都投资水务企业并拥有所有权，并采取多种经营方式，水务行业由众多规模较小的地区性水务公司来运营。作为一个联邦制国家，地方基层政府拥有较大的自治权，市政当局往往并不设立专门的独立经济监管机构，由市政当局来负责行业监管。

一　基本情况

德国属水资源丰裕国家，水资源约束相对较轻，地下水和雨水是主要饮用水水源。2010 年供水企业约 6400 家，供水总量 52 亿立方米，供水管道总长 53 万公里；2010 年污水处理企业约 7000 家，污水处理厂约 1 万座。

根据 2005 年德国能源和水行业协会对 1302 家规模相对较大供水企业的调查，样本企业中政府运营实体占 1%，政府、私人共同持股公司占 25%，市政公司占 14%，基于公法设立的公司占 19%，水和土壤组织占 16%，特定目标组织占 15%，市政设施占 4%，基于私人法的公司及其他占 6%。私有公司规模相对较大，一般定位为某些大都市开展专业化服务。据德国环境部《德国水务 2011》的数据，2010 年，私人公司在大城市供水公司数量中占 40%，供水量占 60%。

德国污水处理企业完全由政府部门主导，私人污水处理企业主要活跃在以管理和运营合同方式转包的业务中。德国能源和水行业协会（BDEW）与德国水、污水和废物协会（DWA）2003 年的联合调查显示，私人企业组织承担的污水排放量占 10%，污水处理总量占 12%。2005 年面向 900 家污水处理企业的联合调查显示，样本企业中市政设施占 36%，特定目的水企业占 28%，基于公共法机构占 17%，政府运营实体占 15%，其他占 4%。

二　主要法规

（一）欧盟法规

欧盟 2000 年实施的《水框架指令》（2000/60/CE）要求所有水体在数量和化学两方面达到良好状态。除《水框架指令》外，欧盟出台的涉水政策法规还包括：旨在防止地下水污染变质的欧盟《地下水指令》（2006/118/CE）；旨在约束市政对家庭和小企业排放污水进行清洁化处理的《城市污水处理指令》（91/271/EEC）；旨在防止水体受到来自农业和畜牧业污染源污染的《氮化物指令》（91/676/EEC）；

饮用水质量作特定指导的《饮用水指令》（98/83/EEC）。另外，欧盟与水资源有关的环境保护法规，比如《综合性污染防控指令》（IPPC Directive，96/61/EEC）等也涉及水环境保护和用水规范问题。

（二）联邦水法（WHG）及相关法令

1957年，德国颁布联邦《水法》，2009年7月31日修订，修订法案自2010年3月1日开始实施。该法案主要对社会用水数量、水质量、水管理做出规范。德国1976年通过的《污水排放费法》，2005年经过修订，该法明确了污水费制度，实行“谁污染，谁付费”原则，收费资金由联邦政府专门用于支持水质保护工作。此外，德国联邦政府还制定了多部法规和条例，重点对水务行业的技术标准等做出规定，以指导水务行业规范经营，包括饮用水条例、地下水条例、污水处理条例、化肥企业条例[①]、维护水纯净法令、洗涤和清洁机构影响评价法令等。

（三）联邦竞争法

为了防止城市公用企业滥用市场势力，私有公用企业受《联邦卡特尔法》的严格约束，联邦卡特尔局负责对各种反垄断行为（价格合谋、并购、滥用行为）进行监管。如果消费者发现公用企业征收过高的费用，可以向联邦卡特尔局进行投诉，联邦卡特尔局将进行调查处理。

三　监管机构

德国是一个联邦制国家，水务监管权分布在联邦机构、州政府和市政当局。德国联邦环境、自然与核安全部负责保护水体安全，具体工作由其下属机构——联邦环境署负责；联邦经济技术部负责供水系统和水务行业监管；联邦卫生部负责饮用水水质监管；为了促进和维护市场竞争，德国联邦卡特尔局则负责对私有公用事业行业企业垄断行为的反垄断监管。此外，水务监管非常重视专家和专业研究咨询机构的作用，并且行业协会也发挥了不可替代的作用。

---

① 在德国，农业化肥使用是造成水源污染的重要原因，因此制定专门的条例加以规定。

依据联邦宪法，16个州负责监管本地区的供水和污水处理。根据德国基本法，各州政府自行制定基层组织法，根据联邦法律负责州内公用事业的监管职责，各州并不设立专门的监管机构，并且各州对城市公用事业监管程序也差别较大。德国的地方政府包含县、镇政府，地方政府根据联邦宪法和州宪法享有自治权，对水务行业实行自主管理，具体包括供水和污水费的制定、水务行业技术标准、服务质量标准等。水务行业国家标准是底线，市政当局制定的水务行业标准往往高于国家标准。水务行业监管具体由地区市政委员会、市议会或当地政府负责，地区行业协会、市民监事机构也会参与有关的监管决策，市镇和农村的基层水务机构则负责基层地区的水体监控、技术建议和执行水务监管日常事务。

在德国，任何水资源开发和利用项目都需要根据规模大小向不同层次的监管机构进行申请，申请报告需要对技术设计、污染物排放、环境兼容性等问题作出具体说明，监管机构在审查过程中会充分听取咨询机构（政府专家为主）和公民组成的社会组织（如自然资源保护组织、市民行动委员会）等的意见。充分吸收利益相关者和专家的意见来进行监管决策是德国监管体制的重要体制特点和优势。

传统上，在德国城市公用事业中，市政当局投资所有的企业占有较高的比重，并且主要是地区性企业，因此并没有采用一般的政府监管私有企业的监管方式，市政公有企业受公法约束，更多地由市政当局通过行业协会、市政所有权治理机制和通过合同的方式来对公有企业实行有效监管，市议会、市政委员会、地方行业协会、市民监事会等共同参与市政水务监管决策，并且市政当局的监管还受到市民代表和媒体的监督，监管过程具有明显的透明度和公共压力，体现出典型的“公共治理”特征。“市民行动委员会”在德国市政公用事业监管和有效治理过程中发挥了重要的公众参与、民主监督的社会治理作用。

在德国，供水和污水处理属于公共服务，是地方和市政的基本职责。根据德国法律，为市民提供城市公用事业产品和服务既是地方政府的规定性自治事务，也是地方政府的强制性职责。市政当局管理下的供水企业有多种形式，具体包括市政当局直接经营的供水企业、企业财务独立的市政公用企业、公司制的市政水务公司、合资企业、特许经营或合约管理的第三方经营的水务企业、在市政公司框架下成立的特定目标机构等。近年来，公私合营企业和纯粹的私人公用企业比重逐步上升，受私法约束的私有企业数量在增加，一些地区开始尝试改革政企不分的市政监管体制，建立专门的监管机构。

四　主要监管政策

与其他国家不同，德国并没有一个全国通用的统一水价监管政策，而是由各个地方市政当局根据本地实际情况来分权制定。对于政府投资的市政公用水务企业的收费由政府审批，如柏林供水公司的水价调整，需要第三方独立审计机构审计，并经州议会批准。市政当局对市政公用水务企业的收费监管重点是监管企业的运营成本，防止企业虚报成本，政府监管的成本主要是投资成本、改造成本和运营成本，其中运营成本一般占总成本的25%—50%。

对于私营水务公司，由于其实行市场化价格机制，不受联邦市政收费法的约束，并且价格不受市政当局的监管，而是受联邦卡特尔局的监管。联邦卡特尔局主要调查企业是否实行了“滥用性定价”行为，重点是调查企业的财务成本数据，并以相似地区的相似技术企业作为“标杆”，判断其是否实行了不合理的高价格，并对违法企业做出处罚。

德国污水处理费的制定实行完全成本覆盖和“谁污染，谁付费”原则，污水处理费的确定要同时考虑资源和环境成本，主要是根据排放量和环境伤害程度来制定，并对有关主体的主动减排的投资给予收费优惠，由此为有关排污主体提供有效的减排激励。为了减排，德国一直在提高污水排放收费，污水排放费的增幅明显高于供水价格的增幅。根据德国环境署2001年的数据，德国单位排污费由1981年的12马克（约6欧元）上升到1997年的70马克（约35欧元）。据德国能源和水行业协会2003年进行的调查，当年德国居民人均供水支出82欧元，在欧盟国家中位居第三，仅次于英格兰/威尔士的95欧元和法国的85欧元。从横向比较来看，德国的污水排放费也一直是欧盟地区最高的。

第四节 法国：地方自治的合约监管模式

法国城市水务行业的投资通常是由拥有自治权的地方政府来负责，地方市政当局拥有水务行业资产所有权，同时政府通过特许经营、租赁等多种经营方式来由私人企业运营管理水务企业，实现了“政府所有，私人经营”的公私合作格局。政府并不设立专门的城市水务监管机构，而是通过在经营合约中明确运营主体的责权利，对定价、服务质量、供给义务等做出明确的事前规定，因此被称为“合约监管”。

一 基本情况

法国是一个总统制共和国，其总统由直接普选产生。由总统任命总理和主持部长理事会，总理负责协调各政府部门。法国议会实行两院制，包含通过间接选举产生的参议院和通过民众选举产生的国民议会。在行政管理方面，法国按行政区级别依次为大区、省、区、选区和市镇。法国有26个大区。

法国水务行业的特点是良好的普遍服务和高水质。大型私营企业通过特许经营、承租经营等合约方式参与水务运营，流域机构负责收税和进行环保投融资。随着20世纪90年代后私有化进程的加快，目前，在法国约30000个供水和污水处理系统中，48%的供水系统和62%的污水处理系统由地方市政当局直接管理，但其供水量只占全国总量的20%；苏伊士、威立雅和萨乌尔三家寡头企业主导的私营水务公司通过出租合约和特许合约向80%的人口提供饮用水并负责废水的收集和处理。法国水务行业最大的运营公司是里昂水务公司（苏伊士环境集团的一部分）和威立雅水务公司。威立雅水务公司向39%的居民提供水服务，也就是2450万居民；里昂水务公司向大约19%的居民提供水服务，大约是1400万居民；萨乌尔的市场份额大约是11%，给640万居民提供水服务。其他私人运营商占法国水务供应的份额在3%以下。但是，近年来法国也在反思城市水务行业的私有化，权衡私有化的利弊，在一些地区出现了重新国有化的趋势，如在2010年巴黎市政府在与苏伊士和威立雅的经营合约到期后将城市水务重新收归政府经营管理。①

二　监管法律

法国水务监管的主要规范性文件包括1964年、1992年和2006年的《水法》，《欧盟水框架指令》等欧盟法规，以及由此派生出的其他法律条文。这些法律都突出了"水资源是国家共同资产的一部分"这一原则，强调水资源不属于任何私人。从法律的视角来看，水资源是无主物的，即它是不属于任何人的财产。当然，在个体层面，每个个体都可以在自己所有权权限范围内使用水资源。

法国现行水务行业监管体制成型于1964年颁布的《水法》，确立了以流域为单元的水资源统一规划、开发利用和管理保护的体制；从监管上明确了以流域为基础的水务管理体制，从组织上成立了流域委员会和流域水资源管理局，建立了水质控制政策水务监管机构的法律框架；在"谁污染，谁付费"的原则基础上制定污水费和用水费，这一财政规则适用于所有的流域；在管理水资源的决策过程中引入利益相关者。1992年《水法》进一步加强了这一监管体制，结合地方规模和河流流域的规模来进行水资源的管理；完善了关于水价、颁发用水许可证、公众参与以及其他政策方面的必要准则；加强了对水环境违法行为的处罚；强调了水资源的经济价值。2006年《水法》指出，确定绩效指标是政府监管的重要内容，进一步明确保护水资源和实行水循环方面的政策，并设立了国家水环境管理署（ONEMA）。

20世纪90年代，各种不同的法律条文的颁布都是为了确保政府能够加强对水务行业的监管。制定于1993年的《Loi Sapin法》，对水务经营者的管理有着很大的影响。虽然它并不是直接针对水务部门制定的，但在防止腐败和提高经济活动及政府运作程序的透明度上起了较大的作用，它明确制定了政府应把提供当地水务服务的责任交给私

---

① 具体参见Municipality of Paris：L' eau remunicipalisée depuis le ler janvier，27 January 2010。

人部门来经营的法律框架，包括明确了关于招标程序规则等内容。1995年的《Barnier法》规定，除非因为私营公司需要巨额的投资或者禁止预付款带来的更为激烈的竞争并由此引发了供水和污水处理费的降低，合同期限不得低于20年。该法律还规定了运营商有义务就它们的经营活动向社会发布年度报告，提供关于供水水质、水务收费等方面的信息，这些规定表现出政府对环境和消费者权益保护问题的关切。1995年的《Mazeaud法》规定，负责水务合约经营授权的行政部门需要发布年度报告和财务账目，其中包括对服务质量的影响。同时该法还规定，应允许有资质的、独立的审计部门对水务合约经营的有关机构进行第三方独立审计。上述加强监管机构和监管过程管理的法律明显提高了监管的现代化和公正性，并使向私人企业支付的价格下降了9%，平均合约持续期降至11年，单个项目的平均竞标者数量由2.6个增加至4.5个。

在污水处理和饮用水质量监管问题上，法国监管部门受欧盟立法的影响巨大，很多规定都是采纳欧盟的相关规定并结合本国情况进行了调整。法国2006年颁布的《水资源和水环境法》是《欧盟水框架指令》在法国具体实施的法律规定，该法明确了2007—2012年以5年为周期的水务行业监管行动计划，包括解决在管理整个河流流域上出现的各种问题，如废水、污泥、工业废水的处理，在农村地区的投资管理，保护水的抽取，水流失的控制，预防洪涝，管理水生环境和加强国际合作等各个方面的问题。

三　监管机构

法国水务监管机构包括卫生部、环保部、农业部、水务署、国家水环境管理署、法国环境研究所（IFEN）、市政当局、国家特许经营专业委员会（FNCCR）、法国审计法院等众多公共部门，同时法国标准协会（AFNOR）、经营者协会（FPE）、消费者协会（CLCV、CACE）等协会组织也在水务监管中发挥了重要的作用。

（一）主要政府部门

卫生部主要负责发放取水许可证和进行饮用水水质监管，具体水务监管工作由其下属的社会和公共卫生事务局（DDASS）来负责。

农业部主要负责污水处理和水资源质量监测，具体工作由其下属的农林局（DDAF）负责。

经济部主要负责政府采购和特许经营事务，具体工作由其下属的消费、竞争和防欺诈办公室（DDCCRF）负责。

公共事务部主要负责协助地方市政当局进行水务管理、基础设施建设以及管理水源地，具体工作由其下属的设施部门（DDE）来负责。

环保部的一个主要职责是制定与环境管制相关的政策。法国于20世纪60年代开始进行污水的处理，鉴于环境方面的问题日益突出，联邦政府于1971年设立了环保部，这是欧洲第一个设立这样一个部门的国家。污水处理标准，饮用水供应质量的标准，水资源管理的框架等均是在参考了欧盟的制度标准下设立的。

水务署是基于流域对水行业进行管理的机构，法国共设立6个流域水务署，相当于流域范围的“水议会”，汇集了多方利益相关者，是流域水利问题的立法和咨询机构。它执行对水资源的取用和污水处理后的排放的收费，所得到的资金用于补贴各级政府的水务公用事业建设，如加强水处理厂的装备、改善水资源环境等。

国家水环境管理署受环境部的监督，负责水与水环境的认知与监测，主要职能包括引导涉水科研项目的方向、管理国家水信息系统，并向高校和科研机构等单位提供数据支持、协助水务执法并对违规行为进行记录以及参与地方政府的涉水行动（如组织水与水环境状态的诊断等）。

法国环境研究所隶属于法国环境部，任务是收集提供法国环境方面的信息，对收集的信息进行组织、汇编，进行自然和技术性的分析。它将得到的信息数据与各个地区信息相融合，从而能够在环境部的监督下给相关地域提供合理发展的建议，它与国家信息统计局保持紧密的合作关系。

法国审计法院对所有公有或私营水务企业的经营活动进行监督，主要是监督有效性以及服务质量等方面。它的角色不仅仅是对账目进行审计，也进行绩效评价，追求政治上的目标。审计法院不仅仅是找这些企业的经营的违法行为，更重要的是提供有益的建议。

（二）主要行业协会组织

行业协会的自治管理在法国水务监管中扮演了重要的角色，法国主要的水务行业协会有：

国家特许经营专业委员会是在1934年成立的联合机构。它是由法国当地公共服务的国家或私人经营者组成的，维护其成员在本国和欧洲的利益。作为这些国家或私人经营者的代表，FNCCR在水务立法方面起到了很大的作用。

水务经营者协会（FPE）是几乎所有经营水务私营公司都参与的行业组织，它的成员包括里昂水务集团、威立雅水务集团、萨乌尔水务集团等多家私营公司，这些公司大约雇用了32000名员工为大约4600万居民提供水务服务。它主要代表私营企业共同的利益，并实行有效的自治管理。

法国标准协会在水务行业标准化方面发挥了主要作用，具体如设立行业标准、发布信息、进行培训以及认证。

水务行业消费者协会，主要包括成立于1952年的CLCV和成立于2001年的CACE，这些协会汇集了各区域级的协会，它们是法国最重要的消费者协会，主要发挥维护消费者利益的角色。

四　监管体制

法国水务行业监管采取了分权的地方自治监管为主的体制，监管的重心下沉到基层市镇政府，由多种形式的城镇监管机构来负责水务行业监管，具有明显地方自治监管的特点。同时，法国水务行业经济监管采取“合约监管”模式。

（一）地方自治监管

法国水务监管实行“国家—流域—地区—地方”四级分权监管体制。国家层次、流域层次、地区层次主要行使水资源流域管理。根据法国1982年的《权力下放法案》，国家只负责水法实施和保障公众健康安全，法国水行业的微观监管事务，主要是在市镇这一层级上实现的，饮用水提供和污水处理均是市镇政府的责任，市镇直接负责供水及污水处理工程等项目立项、资金筹措、水价监管及运行管理水务公司。因此，在国家层面，法国并没有设立全国性水务监管机构来对供水价格和服务质量实行经济性监管，合约监管和地方政府（市镇）监管是其独特之处。

法国水务行业监管制度框架大致如图2－3所示。

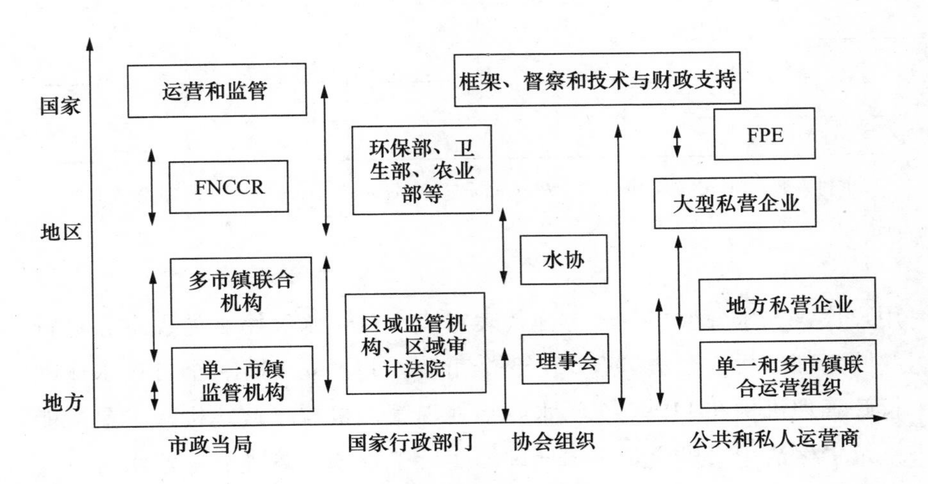

图2－3　法国水务行业监管制度框架

市镇公用事业监管模式有两种：一是政府直接组织经营和管理；二是授权地方政府通过经营合约由私营公司经营和管理。目前，在法国通过合约由私人公司经营的企业提供了80%的供水和45%的污水处理服务。委托经营或者说合约经营是法国非常普遍的管理模式。在这种模式下，私营企业向消费者提供服务并收取费用，私营企业并不需要自己投资建厂，只需要分期向政府交一定数量的收益来换取资产的使用权。这些合约签订的期限通常为10—15年，平均年限为11年。法国水务行业有超过1/3的经营者选择委托经营，法国75%的供水公司和52%的污水处理公司都采取这一经营模式。私人企业在供水企业和污水处理企业中的比重分别为62%和55%（见表2－2）。

一般来说，法国大市镇的水务经营和管理是在一个市镇范围内进行的，而拥有几百户人家的小市镇，往往和相邻的市镇联合起来进行水务经营和管理。法国有2/3的市镇成立联合会，联合会由政府代表、

表 2－2　法国水务部门的企业结构　单位:%

	供水	污水处理
公共部门	27	45
混合制企业	1	<1
私人企业	62	55
威立雅	39	28
苏伊士	19	18
萨乌尔	11	8
其他企业	3	<1

资料来源：Rui Cunha Marques，*Regulation of Water and Wastewater Services*，IWA Publishing。

用户代表、水务公司等各方面代表组成，对供水和污水处理事务进行共同管理。目前全法国有36763个市镇，共设立15244个自来水输配行政管理机构和11992个污水收集处理管理机构，这些机构主要职能是负责生活用水供应及污水处理、实行工程项目管理、决定水价。其监管范围既有单产业监管，如仅限于城镇水务监管，也有多产业监管，包括水务、固体废弃物、交通等多个公用事业行业。

在法国，无论是单一的市镇管理还是多市镇的联合管理模式，市政当局都对水务承担责任，市长对水务分配、污水收集和处理等与水务相关事务负责。市政当局可以直接经营或者通过合约与私人机构合作经营来提供税务服务。不论何种形式的经营模式，给排水服务的收费标准主要是由市镇或者是市镇联合会确立（见表2－3）。

表 2－3　法国地方政府对水务不同环节的管理模式　单位:%

过程	单一市镇管理	多市镇联合管理
水的生产	28	72
水的分配	32	68
污水的集中	70	30
污水处理	61	39

资料来源：Rui Cunha Marques，*Regulation of Water and Wastewater Services*，IWA Publishing。

（二）合约监管

法国没有制定或批准相关收费水平或者制定规范性文件来监管水务服务质量的具体的水务行业经济性监管部门，而是通过合约实行监管,因此，法国水务行业被称为没有监管机构的“合约监管”模式。

法国水务经营主要是实行委托经营，根据合同类型的不同可分为承租经营、特许经营、法人经营和代理经营四种。其中承租经营是地方政府筹资建设水厂和管网设施，然后把管理权托付给私营水务企业，承租合同期通常为10—12年，收益主要通过征收水资源费来实现。特许经营是私营水务企业承担全部投资和运营费用，负责设施更新和维护支出，独立承担风险，特许经营合同到期时未完全收回的资本投资由市镇当局给予相应补偿。特许经营期限一般为15—20年，在特许经营期限内私营企业对资产拥有所有权，收益主要通过征收水资源费来实现。[①] 法人经营和代理经营是地方政府保留对水务基础设施的所有权，负有运营和维护水务系统的责任并承担相应的经营风险，私营企业作为管理方只负责管理自身员工并保证高效服务，收益来自政府谈判确定的固定回报以及根据管理业绩给予的奖励。

通过合约进行监管的优势是在准许市场进入的时候就规定了各方的权利和义务，实现了有效的事前监管，并在很大程度上限制了监管机构的自由裁量空间。因此，通过合约实行监管的模式在法国取得了很大的成功，被世界银行（2003）认为是实现监管独立性目标的重要制度设计。世界银行专家舒加特（Shugart，1998）对法国水务行业合约监管模式的研究指出，这一模式之所以在法国取得成功是因为以下几个因素：一是法国内务部制定了完备的特许经营合约模板并被地方政府很好地应用；二是完备的法律和丰富的案例法；三是受各界尊重的行政上诉法庭；四是本国私人企业经营；[②] 五是良好的历史文化传

① 法国1993年的《Loi Sapin法》主要是防止腐败和强化竞争，为此对经营合同的上限做出不超过20%的规定。

② 这避免了外资企业经营带来的投资回报纠纷，便于政府进行监管和合理分担风险与解决争议。

统和契约精神。

（三）价格监管

法国的水价制定主要遵循成本回收原则和环境保护原则。城市居民用水水价主要由供水服务费（包括固定费用和变动费用）、污水处理费和水税（包括水资源税、VAT和其他税费）三部分构成（见表2－4）。供水服务费实行两部制水价，其中，固定费用占供水服务费的17%左右，变动费用占供水服务费的83%左右。污水处理费分别用于回收污水处理成本、污水处理设施建设成本等，水税中的国家输配水发展基金是用于帮助较小的城镇和乡村发展自来水输配管网和污水收集管网的建设，水资源税则用于改善水资源环境。污水处理费和水税征收标准由国家制定，供水服务费由地方制定。法国水价政策的制定是国家考虑通货膨胀水平和社会承受能力予以宏观指导，地方采取谨慎而又民主的对话方式及水价听证会制度，通过各流域委员会、水务企业与用户三方协商，确定水费和污染税费的标准。

表2－4　2006年法国五个城市的水价结构　单位：欧元/立方米

	固定费用	变动费用	污水处理费	水资源税	VAT和/其他税费	总费用
巴黎（Paris）	0.08	0.85	0.73	0.67	0.12	2.33
Syndicat d' lle de France	0.11	1.28	0.98	0.56	0.16	3.09
波尔多（Bordeaux）	0.26	0.91	1.17	0.37	0.15	2.86
里尔（Lille）	0.14	0.92	1.14	0.54	0.15	2.88
里昂（Lyon）	0.26	1.19	0.67	0.40	0.14	2.66

资料来源：Rui Cunha Marques，*Regulation of Water and Wastewater Services*，IWA Publishing。

在水价监管上，法国实行动态管理。地方政府通过与运营企业签订经营期为5年的委托合同，用协议方式规定协议期间的供水价格和服务标准。合同期满后，根据供水单位的经营状况，按照法定的程序重新制定和调整价格。水价调整前，供水单位的财务盈亏既要上报主管部门，也要向社会用户公布，其中调价的条件、原因、用途以及扩大投资或维修、更新、改造的计划都要让社会及时了解并予以充分监督。

由于法国的城市水价是由各个地方政府确定的，所以，各个地区之间差异较大。这一方面是由于不同地区水资源丰沛程度、水质状况以及污染程度不同引起的供水和污水处理成本差异；另一方面也与法国水务行业经营管理方式有关。根据 2007 年 NUS 的调查报告，2006 年法国最大 5 个城市的居民平均水价为每立方米 2.92 欧元，低于欧盟 11 个成员国平均水价每立方米 3.25 欧元的水平。从 2006 年法国全国平均水费结构来看，水资源费和供水费占水价的 46%，污水处理费占水价的 37%，水消费税和增值税占水价的 17%。近年来，为体现水的经济价值和促进节约，法国逐步提高用水的税费水平。根据 2010 年法国巴黎的水价数据，2010 年巴黎水价为每立方米 2.93 欧元，其中水资源费和供水费占水价的 37.7%，污水处理费占水价的 35.3%，水消费税和增值税占水价的 27.0%。

第五节　城市水务行业监管国际经验借鉴

一　确保政府监管机构的制度契合性

城市公用事业监管机构体系的设计必须基于本国的政治行政制度基础。一个国家城市水务行业监管机构体系是整个国家政治经济制度的一个组成部分和具体反映，其不可能脱离整个国家的整体制度环境来设计和运行，有效的监管机构体系必须基于一国的制度基础，在与本国制度基础很好契合的基础上来建立和运行，实现有效的横向职权和纵向权力配置，从而取得最佳的监管效果。因此，监管机构体系设计并没有适用于所有国家的标准模式，各国都是基于本国政治行政体制的传统和制度基础，来内生地培育和建立本国的监管机构体系，简单地移植国外的模式往往难以取得期望的监管绩效。城市水务行业监管机构体系的设计必须与本国城市公用事业市场化改革进程协同推进。监管机构体系的完善应该服从两个目的：一是坚持市场资源优化配置决定性作用的原则，有效发挥市场机制和私人资本在促进行业发展和提高效率中的积极作用，从而明确政府监管的边界，实现市场与政府的有效组合。二是在转型经济国家，由于传统的行政管理机构体系明显滞后于市场化改革。因此，监管机构的改革应该与市场化改革整体设计，使监管机构体系的重构成为推动市场化改革和整个国家行政体制改革的重要力量。

二　完备的法律保障与依法监管

依法行政和依法行使管制权是监管机构运行的根本原则。完备的监管法律体系是有效监管的重要前提。美国、英国、法国等成熟市场经济国家都建立了系统完备的城市水务监管法律体系，监管机构的设立和职权配置、相关监管机构的职权划分、中央和地方的事权界定、价格监管政策与调整机制等都是通过国家层面的立法来做出统一明确的规定。根据立法授权模式，当获得立法机关的明确授权，则应当支持监管机构的行为，其监管行政行为就具有了合法性和权威性；同样，如果监管机构的监管行为超出法定职权范围之外，则构成一种不正当的越权行为。因此，需要通过立法明确管制机构的法律地位、管制目标、职责范围、工具选择、管制程序等，为规范、控制以及评估管制机构的行为提供根据，从而保证监管的权威性和公正性。

三　城市水务监管机构职权配置的分权与协调原则

世界各国城市水务监管机构的职权配置都体现了明显的分权原则，这主要体现在纵横两个方面：一方面，体现为城市水务行业监管职权的下沉，主要由地方政府来行使具体的日常监管职能，中央政府只是制定全国统一的监管法律，并不直接对城市水务企业实行直接的经济监管；另一方面，在横向监管机构的职权配置中，大多没有将所有的监管权力配置到一个部门来集中行使，而是普遍遵循“经济性监管与社会性监管分离，经济性监管集中”的原则。一般来说，水务行业的监管包括资源监管、经济监管、水质监管和环境监管四个方面，这四个方面通常由不同的机构来分工负责，没有一个国家将其集中到一个部门来负责，实现经济性监管和社会性监管分离，但经济性监管则集中由一个部门负责行使。在职责明确的分权体制下，各国都形成了运行有效的不同机构间的协调运行机制和监督问责机制，保证监管机构的协调运行和有效监管。

四　科学配置监管机构职权和实行激励性监管

监管机构作用的有效发挥在很大程度上取决于是否具有依法、有力的职权配置。监管机构能否发挥应用的监管作用，很大程度上取决于监管机构的职权配置是否合理、权威和有力。各国都通过立法明确对城市公用事业监管的职权配置和机构的权力做出明确的规定，从而使监管机构成为“长满牙齿的狗”，而不是成为“不会咬人的狗”。城市公用事业监管的内容主要涉及行业立法与标准制定、行业规划监管、准入许可监管、供热计量监管、价格与成本监管、质量监管、节能监管、消费者保护、竞争促进等方面。其中，监管的核心政策手段是价格监管。在价格监管过程中，各国普遍放弃了低激励效能的“成本加成”价格管制方式，都采用价格上限制等激励性监管方式，充分激励企业追求效率的积极性。

五　以治理的理念建构监管机构体系

目前，以欧盟、澳大利亚为代表的国家和地区普遍重视监管治理的理念。监管治理的核心是确保政府监管机构的行政自由裁量权得到依法合规的行使，从而保证监管的公共利益目标。典型的如 OECD 在 2008 年发布的《监管影响分析介绍手册》、2010 年发布的《监管机构治理：原则与指南》、2012 年发布的《监管政策与治理的建议》、2014 年发布的《监管机构的治理》等系列政策报告系统详细阐述了监管治理的原则和具体的政策程序，从而实现良好治理的目标。有效的监管治理不仅包括立法机关、司法机关和行政机关对监管机构的立法授权、司法审查和行政监督，也包括社会组织、公众和新闻媒体等的参与与监督。从动态来看，有效的监管治理不仅包括监管立法和机构制度设计，还包括科学的政策制定、合规的行政执法、有效的绩效评价和问责体制。此外，信息公开和公众参与核心的是监管治理的重要内容，如在英国水务行业监管中，水务办公室定期向公众发布的水务监管报告，向公众提供详尽具体的水务行业监管信息，以保证公众的知情权，并且设立专门的信息委员来负责处理消费者关于价格和服务标准的信息公开请求。

六 充分发挥行业和社会组织的私人治理角色

在市场化体制下，政府监管机构不应成为监管的全部和监管职能的垄断者，而是监管体系的重要组织者，良好的监管需要建立多元主体共同参与，各方利益协调的体系。城市水务行业监管并不是仅仅有政府监管机构这一唯一主体，行业协会组织和消费者组织的私人监管角色是保证监管有效和降低政府监管负担的重要制度形式。行业组织和社会组织的私人监管与政府监管机构的公共监管的互为补充是成熟市场经济国家城市水务监管的重要制度特征。首先，行业协会组织成为城市水务行业监管体制的重要组成部分和重要的行业监管主体，行业协会组织有大的激励来推进城市水务行业发展和改革、推动立法、实施严格的供水质量标准体系、推动行业技术进步和实施积极的公共沟通和信息公开。典型的如法国水务行业非常注重有效发挥行业组织的作用，法国水务行业组织包括法国全国特许经营专业委员会（FNCCR）和法国水务经营者协会（FPE）。其次，消费者组织通常是由消费者代表所组成，在维护消费者利益、与水务企业谈判沟通、督促水务企业保证供水水质安全等方面扮演了重要的作用。如法国水务行业消费者协会（CLCV），这是一个全国性的地区消费者协会联合组织，是法国最重要的消费者协会，主要发挥维护消费者利益的作用。

第三章　中国城市水务行业监管机构体制

政府监管机构是政府实现监管职能的执行主体，监管机构的有效性不仅决定了能否实现预设的监管目标，也决定了监管行为是否维护社会公共利益。2017 年 1 月国务院发布的《“十三五”市场监管规划》明确指出，在“十三五”要基本建立权威高效的市场监管机构体制，即形成统一规范、权责明确、公正高效、法治保障的市场监管机构体系。

长期以来，中国城市水务行业作为非市场化的公用事业行业来运营和管理，缺乏市场化体制和与之相适应的现代监管体制，城市水务行业主要是由建设主管部门实行以计划、审批、建设、维护为核心的行业管理，行业管理职能和行业监管职能合一；同时，由于行政管理体制改革滞后，在市场化的过程中不仅出现部门之间的职权不清，而且监管部门在行使监管职权过程中也存在诸多不规范的地方，监管部门的监管职权配置和监管行政过程都需要建立更科学规范的体制。

城市水务行业监管机构体制设置涉及纵向和横向两个维度，纵向维度主要是国家监管机构与地方监管机构的纵向职权配置，横向维度主要是监管机构的监管职责、监管范围的确定以及部门协调机制的构建。

第一节　城市水务监管机构设立与运行原则

目前，世界各国城市公用事业行业监管机构的设置主要有两种基本的体制模式：一是以美国、英国为代表的独立监管机构体制，城市公用事业监管机构独立于政府行政部门，拥有较大的独立性；二是以法国、德国为代表的政府行政部下内设的监管机构体制，城市水务行业的监管往往由隶属于行政部门的机构负责。但是，不管城市公用事业监管机构采用何种模式，作为行使政府监管权的行政部门都要遵循基本的原则，其监管权的配置和行使也必须受行政法的约束。

一　城市水务监管机构设立与运行的基本原则

（一）依法设立

依法设立城市公用事业监管机构，明确监管机构的法律地位，通过立法明确监管机构的法律地位和依法授权，这既是保证监管机构独立性、权威性的基础，也是保证监管权正当行使，防止权力滥用的制度保障。从国际经验来看，城市公用事业监管机构的设立都是以颁布相应的法律为依据，有效的监管机构体制应该确保其在法律限定的框架内依法监管。立法机构通过制定专门的法律对城市公用事业监管机构的职权配置、权力行使的范围、行政监管的程序做出明确规定，监管机构则在立法部门的立法授权下来制定城市水务监管的具体法规，依法行使监管权，从而保证监管机构依法授权、合理用权，实现依法监管。

（二）独立决策

监管机构的相对独立性是现代监管制度的一个根本特征，其目的是保持监管执法的公正性。监管机构的“独立性”主要包括两层含义：一是监管机构与被监管企业的独立，实现政企分开、政资分开，不与被监管企业形成利益共同体，具有明确独立的经费来源，避免被产业利益主体所俘虏，保证监管机构追求社会福利最大化而不是行业企业利益或特殊利益集团利益的最大化，做到公平、公正地制定与实施监管政策。二是监管机构在实施监管政策时与政府其他机构相对独立，监管机构的监管决策应独立于政府行政部门，实现政监分离，政府官员和其他行政机构不得任意干预监管机构的监管决策。三是监管机构职权配置应该完整，赋予其独立完整的监管职权，保证其依法独立行使职权，而不是在重要的监管领域仅仅具有建议权。

（三）综合监管

城市公用事业综合监管能够实现监管职能的范围经济性，降低行政成本，提高监管有效性。综合监管体现在两个方面：一是监管机构职权配置合理、完备，赋予监管机构充分、完整的监管权力，将城市公用事业进入监管、价格监管、质量监管等相关职能相对集中在一个城市公用事业监管机构，并实现权责对称，保证监管机构的权威性和有效合理行使监管权力。二是监管机构监管的行业范围实现适当集中。城市公用事业行业包括供排水、燃气、公交、垃圾处理、环境卫生等多个领域，由于这些行业在城市地理范围内密切相关，并具有相似的监管问题，将这些行业的监管集中到一个部门，在综合性城市公用事业监管机构内设专门的水务行业监管机构。综合监管能够避免建设运营中的各种浪费现象，促进行业协调发展，降低监管行政成本，提高监管有效性。

（四）高效运行

监管机构的价值在于它具有比其他政府机构更高的行政效率。城市水务监管机构要真正实现高效率运行，还需要具备以下条件：一是具有科学的组织系统，内部机构设置和权力配置、管理层次和管理跨度合理，部门间协调性强。二是具有高效率信息系统，信息沟通渠道畅通，信息传递和反馈速度快而不失真。三是具有高效率的监管行政程序。通过制定有关监管制度，使监管程序有章可循，避免监管程序繁文缛节，流于形式，保证监管决策制定与实施的公开、透明。四是具有高效率的工作机制，要建立监管机构的战略计划和年度计划制度，预算报告制度和基于成本收益分析的监管政策评价制度。

（五）多元共治

良好的政府监管应该满足以下要求：目标和职责清晰定位、独立决策、公开透明、利益相关方参与和问责有效。政府监管行为是一种监管行政权的行使行为，监管机构往往拥有准立法权、行政管理权和准司法权。因此，监管机构拥有较大的自由裁量权。由于监管机构集立法、执行和裁决于一身，拥有广泛的自由裁量权并广泛介入产业活动，因而潜藏着权力扩张、监管俘获等监管失灵的风险。因此，需要建立有效的监督问责机制，提升立法监督、司法监督和行政监督的正式监督问责制度的效能。同时还要充分发挥企业自治、行业自律、社会监督等非正式监督问责制度的互补性作用，形成有效的多元监管治理体系。

二 中国城市水务行业监管机构体制的缺陷

（一）监管机构的设立和执法缺乏完备的法律保障

从国际经验来看，监管机构是整个国家行政体制的重要组成部分，监管机构的改革和完善是与城市公用事业市场化改革相伴随的。由于发达国家基本上遵循“立法先行”原则，监管机构的设立和运行具有完备的行政法律基础。中国城市公用事业改革的起点是传统的计划管理体制，在渐进改革模式下，监管机构体制改革往往是在原有的法律法规和整个行政体制没有改变的情况下推进的，在改革过程中设立的监管机构自然也缺乏法律支持，监管法律体系严重滞后，监管手段仍然是行政计划管理。由于监管法规建设滞后、立法不足、法律法规体系不全，使政府监管行为往往无法可依或依据不足，原有的立法甚至成为改革的阻碍，影响了监管的权威性、独立性和有效性。因此，需要完善政府监管的立法，建立法治政府和实现依法监管。

（二）纵向监管职权配置及运行关系没有理顺

目前，在城市水务行业政府监管纵向职权配置中，国家行业主管部门（住建部）负责制定总体的政策，具体实施由各个地方市级政府负责，省级政府主管部门（住建厅）所起的作用基本不大，基本不具有对地方市级政府城市公用事业监管的有效监督与制约权，由于国家和省级主管部门缺乏相应的监管职权，城市水务行业的监管权主要由市级政府所掌控。市级政府及相关部门不仅负责城市水务行业改革政策制定与实施、规划审批、颁布建筑许可、颁发营业许可（许可证）、授予特许经营权，还拥有价格及成本监管、服务质量监管、水务企业国有企业资产监管等诸多监管职权。

由于纵向监管职权配置不合理，国家行业监管机构无法有效监督各地方的改革政策实施和监管成效，城市水务行业缺乏有效的纵向监管政策贯彻、执行和监督体制，出现政策实施和监管中的“弱中央、强地方”的格局。由于中央与地方职责权限没有理顺，中央层面行业监管部门缺乏有效监管所必需的监管能力、职权配置和监管手段。在财政分权体制下，为了追求地方经济利益和社会稳定，地方政府往往缺乏推进改革和市场化监管的激励，并以争取国家财政资金和政策优惠为政策实施的主要目标。在国家层面缺乏对地方市级政府有效监督手段的情况下，往往造成国家统一的改革政策和监管政策得不到有效贯彻执行。

（三）监管职能分散交叉与职责不清问题仍比较突出

目前，中国城市水务行业监管机构职能交叉，责权关系不清问题突出，政府监管的职能分割严重，政府监管具有明显的“多头管理”和“碎片化管理”的现象，没有建立相对独立的城市水务综合监管机构。目前，我国城市水务行业政府监管仍是分部门管理的架构，没有一个专门的机构实行集中统一监管，监管职权分散交叉严重，监管机构权责不清。在国家层面，同一行业的不同监管职权分属不同的政府部门管理，国家层面的管理部门就涉及国家发改委、住建部、水利部、卫生部、环保局等。其中，在水质监管上，环保局、水利部和住建部存在职能交叉；在城市水资源管理上，水利部和住建部存在职能交叉（见表3－1）。

表3－1　目前中国城市水务管理相关部门及其职责划分

部门	职责
国家发改委	宏观与价格管理：全面的经济社会发展政策，公用事业价格政策及其改革、投融资体制政策
住建部	建设运行管理：拟订建设发展战略与中长期规划，制定行业标准，指导城市供水、节水等工作，指导监督全国城镇排水与污水处理工作
水利部	城市水源管理：水资源的统一配置和管理（城市防洪、地下水等）
卫生部	水质安全管理：城镇供水卫生监督、饮用水卫生许可证、二次供水
环保部	污水管理：水环境管理、城镇污水处理厂出水水质和水量的监督检查

资料来源：根据有关部门的“三定方案”整理。

在城市层面，城市水务行业监管涉及发改委（投资审批）、物价局（价格管理）、财政局（预算分配）、规划局（规划管理）、建设局（公用设施建设）、环保局（环境管理）、卫生局（卫生安全监管）、交通局、园林局、水利局、城管等多个部门，职能交叉、部门林立、多头管理、协调不力的问题尤其突出。由于诸多部门之间的职能相互交叉，没有形成完整的监管体系，每个部门只有部分权力，只能承担部分责任，水务行业没有真正承担政府监管的责任。职能分散和缺乏有效部门协调，造成各地城市水务行业监管部门职能不统一、边界不清楚，缺乏规范性，在监管过程中部门间缺乏有机合作、互相推诿，导致了部门主义、整体效能低下和无人对整体负责。在执行监管职责时，部门往往从本部门的利益出发，忽视政府监管的整体使命和根本目标，监管体制的碎片化严重阻碍了政府监管整体目标的实现，造成政府监管低效和失灵。

（四）监管机构缺乏必要的独立性和完备的监管权

监管机构独立性的重要前提是要实现政企分开、政资分开、政监分离。目前，中国城市水务行业政府监管并没有充分实现政企分开、政资分开和政监分离，很多城市水务企业都是地方政府投资的地区垄断性国有企业，政府既是所有者又是监管者，政府监管具有明显的“弱监管者，强被监管者”的局面。

首先，政企不分严重影响了城市水务行业的有效监管。作为与传统计划经济体制相适应的一项制度安排，城市公用事业行业多采用政府投资和国有企业经营的运行方式，政企不分、政资不分现象突出。国有水务企业主要是承担政府的政策目标，更多地成为政府监管政策的替代物或特定政府目标的政策工具。国有企业管理人员产生、更换基本由政府控制，企业主要管理者由党的组织部门或人事部门直接任免或对其任免有决定性影响，其任免、职级、升迁等与政府公务员没有实质上的差异，企业必然要接受政府指令，政企不分不可避免。在政企不分体制下，城市水务企业往往具有较大的政治影响力，甚至利用垄断地位和行业的公益性特点来要挟监管机构，或者俘获政府官员，出现政企合谋问题。

其次，城市水务行业政府监管存在突出的“政监不分”问题。由于长期的“重建设、轻监管”的城市建设管理体制，目前的城市公共事业监管大多由建设部门来承担，一般的行政管理和政府监管职能混在一起，具有明显的“管建不分”“政监合一”的问题。

最后，现有城市水务监管机构缺乏完备的监管权。在城市水务行业，目前一些大城市成立了水务局，统一行使城市涉水职能，但是，对于供水价格、供水质量等监管职能仍需其他部门配合执行，缺乏对违法企业有效处罚的监管手段；专门成立的监管中心一般下属于其他行政部门，行政级别较低，无法达到监管的效果。

（五）监管机构缺乏有效监管的政策实施手段

目前，城市公用事业水务行业缺乏真正意义上的现代监管，监管理念和监管方式落后，与市场经济相适应的现代监管手段严重缺乏，政府监管手段主要是沿袭传统的计划行政管理方式，相关主管部门主要是实行以行政审批为核心的行业管理，缺乏现代激励性监管政策设计，政策制定失误不断、监管政策实施缺乏激励相容、监管程序不规范、监管信息缺乏、监管绩效评价缺失等问题十分突出。在市场经济的背景下，企业和政府是不同的主体，继续采用传统的“行政命令式”行业管理手段，不仅会造成严重的监管失灵，而且在依法行政的背景下，其也可能构成一种滥用行政权力行为。因此，政府监管机构需要建立与市场经济相适应的现代监管政策手段，通过立法明确监管内容、依法履行监管职责、更多靠标准、激励性经济手段来调动企业高效安全提供城市水务。基于市场化和行政体制改革，有效利用现代信息技术手段，创新政府监管手段与监管方法，不断探索政府监管的信息机制和新方法。

（六）监管机构缺乏有效的监督治理体系

目前，中国监管机构的监督机制主要由行政监督、立法监督（人大）和司法监督（法院），其中行政监督是政府监管机构面临的主要约束机制，立法监督、司法监督和社会监督都比较弱。目前，人大立法监督的主要手段是预算监督，但由于中国现有的预算制度缺陷，预算监督更多地体现为事后审查，并且由于没有相应的惩罚机制，其并不能做到对行政行为的严格约束。当前，中国司法监督在政府监督机制中的地位还远未能达到它应有高度，司法机关的独立性相对不足，司法机关还不能对抽象的行政行为进行审查。同时，由于目前还没有有效的政府监管公众参与机制，监管决策的透明度不够，监管信息公开严重不足，新闻舆论等社会监督无法发挥应有的作用。在此情况下，行政监督就成为城市水务监管机构面临的主要监督制约机制，但是由于城市水务监管机构的特殊性，按照一般政府行政部门的考核方式来进行，制约了其独立性，同时在城市行政首脑拥有城市水务监管最终决策权的情况下，现有的行政监督机制很难对地方城市水务的重大监管决策失误实行及时有效的监督问责。

三 中国城市公用事业监管机构改革的方向

中国城市公用事业监管机构的设计，必须基于中国城市公用事业政府监管的制度现实，重点实现监管职能转变，全面提高政府监管效能，实现政府监管的公共价值为目标。2013 年国家发布的《国务院机构改革和职能转变方案》指出：转变政府机构职能，必须处理好政府与市场、政府与社会、中央与地方的关系，深化行政审批制度改革，减少微观事务管理，该取消的取消、该下放的下放、该整合的整合，以充分发挥市场在资源配置中的基础性作用、更好发挥社会力量在管理社会事务中的作用、充分发挥中央和地方两个积极性，同时该加强的加强，改善和加强宏观管理，注重完善制度机制，加快形成权界清晰、分工合理、权责一致、运转高效、法治保障的政府机构职能体系，真正做到该管的管住管好，不该管的不管不干预，切实提高政府管理科学化水平。在国家机构改革和政府职能转变的大背景下，中国城市水务政府监管机构的改革和完善应坚持以下五个基本方向：

（一）推进市场化和加强监管为基础的监管机构体制改革与完善

政府监管应该是在充分发挥市场机制在资源配置中决定性作用的基础上，通过监管来消除市场失灵，保证社会公众获得良好的公共服务。在市场化情况下，政府要实现职能转变，政府的角色应该是掌舵者而非划桨者，公用事业产品或服务应该由市场来提供，政府主要是制定政策和监督评估。因此，城市水务行业应该继续推进市场化改革，转变政府职能，推进政企分开、政资分开、政事分开和政监分离，减少不必要的行政审批，赋予微观运营主体更多的经营自主权；要推进以投融资体制为核心的市场化改革，建立社会筹资、市场运作、企业开发、政府统一监管的运行体制和机制，通过引入竞争机制以提高运营效率，充分发挥市场机制的决定性作用。根据城市水务行业市场化改革的要求，要及时改革完善政府监管机构体制，创新政府监管体制机制，不断提高监管的有效性。

（二）以法治为目标来完善政府监管法律体系

法治是现代国家和现代政府的一个基本特征，是政府监管权威、公正的重要保证。依法行政和依法行使管制权是监管机构运行的根本原则。依法监管主要体现在三个方面：一是依法监管的权力只能来自法律，即立法授权。城市水务行业监管机构的职权必须通过立法授权，实现职权法定，而不是各个地方、各个部门自行其是，根据本地方和本部门的利益来解释和扩张自己的职权。根据立法授权模式，当获得立法机关的明确授权，则应当支持监管机构的行为，其监管行政行为就具有了合法性和权威性，如果监管机构的监管行为超出法定职权范围之外，则构成一种不正当的越权行为。因此，需要通过立法明确监管机构的法律地位、管制目标、职责范围、工具选择、管制程序等，为规范、控制以及评估管制机构的行为提供根据。二是通过立法明确执法机构的执法程序，规范监管权的行使，保证监管机构依法行政。完善政府监管法律体系，明确行政行为的合法条件、必须遵循正当行政程序、信息公开义务等，防止行政自由裁量权的滥用。三是通过立法明确监管机构的行政责任，行政违法必须承担相应的法律和行政责任。

（三）以简政放权和加强监管为核心的监管职能转变

在新一轮的行政体制改革中，重点是转变政府职能，进一步厘清政府的职能，要放开的坚决放开，并实行负面清单制度，从而科学定位城市公用事业行业监管机构的职责权限，加强事中、事后监管职责。在市场发挥资源优化配置的背景下，必须要求实现政企分开，微观运营主体的企业化，同时要求改变传统的以事前行政审批为主的行业管理体制模式，从重审批走向重监管，把重心放在事中、事后监管上，着力解决政府干预过多和监管不到位的问题。在市场经济的背景下，企业和政府是不同的主体，在市场化的背景下，继续采用传统的计划体制管理手段不仅失去了存在的制度基础，也是一种滥用行政权力的行为。因此，政府监管机构需要建立与市场经济相适应的现代监管政策手段，通过立法明确监管内容、依法履行监管职责、更多地依靠标准、激励性经济手段。

（四）以综合协调监管为重点的组织机构优化

城市水务行业应该实行集中统一的综合管理，改变多头管理、分段管理的体制弊端，最大限度地整合分散在政府不同部门相同或相似的职责，理顺部门职责关系，实现监管职能相对集中，建立综合性城市公用事业监管机构，以明确监管的责任和提高监管的效率，提高监管的有效性。根据政府机构改革精简、统一、效能的原则和决策、执行、监督相协调的要求，完善机构设置，理顺职能分工，注重社会管理和公共服务，在政府行政机构内部组建专门的综合性城市公用事业政府监管机构。同时，还需要对现有的各级行政组织体制和运行体制进行重大的改革，以整体政府的理念来重构城市公用事业监管机构的职权配置、业务流程、信息共享和协调组织机制，形成有效的监管机构协调运行机制。

（五）以集权与分权有机结合为原则的纵向监管职权配置

由于地区之间自然条件、经济发展水平等存在较大的差异，在财政分权体制下，地方城市政府对公用事业产品和服务的供给负有保障责任和监管义务。20 世纪 80 年代，国家就已经将城市市政公用事业服务的基本责任和权利下放到城市人民政府。如我国《城镇供水条例》和《市政公用事业特许经营办法》都明确规定，城市人民政府是负责城市供水管理和实施的主体。城市公用事业分权管理体制有助于充分调动地方的积极性，同时由于地方政府更熟悉本地情况，能够采取更灵活、有效的措施来实施监管。但是，在分权的过程中，如何调动地方城市政府及其监管机构保障城市公用事业安全可靠供应的积极性，如何保证国家的改革和监管政策落到实处，仍面临诸多的体制冲突。因此，应该按照“分权为主，集权与分权合理平衡”的原则来构建城市公用事业政府监管机构的纵向职权关系，既充分调动地方的积极性，又保证全国性改革和监管政策得到有效的贯彻落实。

第二节　城市水务监管机构纵向权力配置

在中央与地方分权体制下，国家监管机构和地方监管机构是各自独立的监管机构，国家监管机构主要是负责宏观的政策制定和全国范围内或跨区域的监管事务和协调工作，地方监管机构拥有独立的裁决权，在全国统一的基本政策之下可以根据地方的具体情况来采取各种灵活的监管政策和从事具体的执法工作。中央与地方分权的纵向权力体制模式的优点是：一是针对性强。由于在这些领域监管问题具有明显的地域差异，采用国家和地方分权的监管纵向结构，能够很好地反映地区差别，制定出反映地区实际的有针对性的监管政策。二是有利于发挥地方的积极性。这种模式有利于调动地方政府投资经营公用事业的积极性。由于市政公用事业具有明显的地域性，地方监管机构最了解本地区市政公用企业的成本、利润和信息，给地方政府较大的监管权，更有利于缓解监管者和被监管者之间的信息不对称问题，实现有效监管。三是竞争效应和示范效应。地方性监管有助于监管改革实验和制度创新。新的监管政策通过在地方进行实验，能够产生明显的示范效应，更好地推进监管改革。

中央与地方分权模式的有效运行需要重点解决两个问题：一是科学界定纵向不同层级监管机构之间的职权关系，实现职权明确、权责对等、定位科学；二是理顺纵向不同层级监管机构之间的组织运行体制，确保政策执行和信息反馈及时有效。

在城市公用事业监管权纵向配置中，主要涉及国家、省级和城市三个层次的市政公用事业监管机构，纵向权力配置的基本思路是：从原则性到具体性、从政策制定到政策执行、从业务指导到信息反馈。国家城市公用事业监管机构是住房和城乡建设部，其基本职能是“定规则、当裁判、业务指导、绩效考评”；省级市政公用事业监管机构的基本职能是“承上启下”；城市市政公用事业监管机构的基本职能是具体实施各项监管职能，是城市公用事业政府监管的实施主体和第一责任主体。在图3－1中，国家、省级和城市三个层次的市政公用事业监管机构之间的纵向实线表示由上到下的法规政策制定、业务指导关系和绩效考核，虚线则表示由下到上的信息反馈和沟通关系，根据地方监管实践不断完善监管法规和政策。

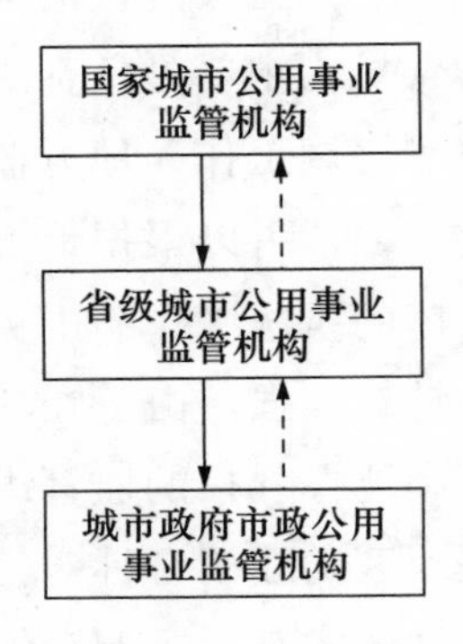

图3－1　中央与地方分权的监管机构模式

城市公用事业国家级监管机构的职能应界定在宏观指导、行业标准制定、对地方政府监管绩效的综合考评、全国性行业信息采集与发布等。[①] 具体来说，一是以国家有关法律为准则，根据中国城市公用事业的特点，制定有关法律、法规，并根据经济社会发展情况下立法机关提出修改法律和颁布新的法律的建议，以及制定全国统一的市场准入和退出许可规则；二是根据城市公用事业的技术经济特点，制定有关产品和服务的技术、质量、卫生、环保、安全等方面的标准；三是负责制定城市公用事业价格监管的指导性意见、价格监管方法、价格制定程序，促进各地实现有效的价格监管；四是监督检查地方城市

① 这些职能主要是由住房和城乡建设部的“城市建设司”具体负责，根据住房和城乡建设部对内设机构职能的说明，城市建设司还承担“国家级风景名胜区、世界自然遗产项目和世界自然与文化双重遗产项目的有关工作”。

公用事业监管机构的监管行为，督察重大事故，确保监管有效；五是推动城市公用事业改革，监管各种垄断行为，维护市场竞争；六是汇集全国城市公用事业监管信息，并及时向地方监管机构和社会公众提供有关信息。①

省级监管机构应当起到枢纽的作用，因地制宜制定适合本省的城市管理总体方针、行业质量标准，对各地市城市管理工作进行综合指导和绩效考核，并协调跨地市的城市公用事业管理事务。其主要职能包括：一是贯彻执行国家城市公用事业监管部门的有关法规，依据这些法规并结合地区实际，制定地方性法规；二是贯彻执行城市公用事业政府监管的有关标准，并对省内的城市公用事业产品和服务的标准执行情况进行监督检查；三是贯彻国家城市公用事业价格监管政策，督促城市公用事业监管机构依法执行价格监管政策；四是监督检查省内城市公用事业监管机构的监管行为，确保监管有效；五是配合国家监管机构督察重大事故和对企业垄断行为的调查；六是向国家监管机构及时上报本省的有关监管信息，并发布本省的城市公用事业监管信息。

市级城市公用事业监管机构承担城市管理具体事权的组织落实，保障城市公用事业的有效运转、保证公共服务的充分提供，并对执行过程和效果进行综合执法监督。其主要职能包括：一是审查城市公用企业经营资格，颁发经营许可证；二是对本城市的城市公用事业产品和服务的价格实施监管；三是对城市公用事业企业之间、企业与消费者之间的纠纷和行政诉讼实行行政仲裁；四是确保城市公用事业的可靠供应，对产品或服务的质量和安全实施监管，并促进资源节约和环境保护；五是与消费者保持良好的沟通，及时处理消费者的投诉，促进企业更好地服务消费者；六是向上级监管部门及时上报有关监管信息，并及时发布城市公用事业监管信息。

---

① 根据《住房和城乡建设部主要职责内设机构和人员编制规定》（国办发〔2008〕74号），住建部的城市公用事业监管的具体职能为：研究拟定城市建设的政策、规划并指导实施，指导城市市政公用设施建设、安全和应急管理。

第三节　城市水务监管机构横向权力配置

一　城市水务监管机构的职权范围边界

（一）集中监管与分权监管

城市水务监管职能主要体现在四个方面：一是水资源监管，主要是基于水资源的稀缺性，谋求水资源的长期可持续利用，核心是通过有效的水资源管理，促进水资源节约，实现水资源的有效利用。二是经济性监管，主要是针对自然垄断，核心是供水价格和服务质量标准监管，以保护消费者的利益。三是水质监管，主要是确保饮用水安全，通过制定和实施严格的饮用水水质标准，以保证公共的健康。四是环境监管，主要是防止水污染，对饮用水水源的水质和各种污水的处理与排放等进行监管，以保护水环境。

表 3－2　　典型国家水务行业监管机构

	资源监管	经济监管	水质监管	环境监管
美国	资源部、州水资源保护局	州公用事业监管机构	公共卫生部	公共卫生部
英国	环境署	水务办公室（OFWAT）	饮用水监管局（DWI）	环境署
法国	环保部	议会	公共健康部	环保部
澳大利亚	环境、水、遗产与艺术部	竞争与消费者委员会（MDBA）	墨累—达令流域委员会（MDBA）	墨累—达令流域委员会（MDBA）
韩国	土地、交通与矿产部	土地、交通与矿产部	环境部	环境部
中国	水利部	发改委、住建部、地方物价部门	卫生部	环保部

注：国外的情况根据 OECD（2011）：Water Governance in OECD Countries 整理。

从世界各国水务监管机构的设置来看，部门分权监管是基本模式，没有一个国家将城市水务相关的部门集中到一个机构来负责（见表3-2）。这主要是因为，部门分权模式具有两个基本的优势：一是它能充分发挥不同部门的专业优势，实现有效的专业分工，防止部门监管能力不足带来的监管失灵；二是部门分权能有效防止监管权集中配置带来的监管机构自由裁量权过大问题，实现有效的行政制衡，防止监管无为和监管俘获问题。

因此，中国城市水务监管机构设置不应采用所有涉水监管职能集中到一个机构的职能完全集中模式。从监管机构设置的国际经验来看，中国城市水务监管存在的主要问题并不是分部门监管，而是经济性监管职能被人为分裂成几个部门负责，缺乏明确负责的经济监管机构，以及城市水务不同监管机构之间缺乏有效的协调运行机制。因此，中国城市水务监管机构改革的重点应该是“经济性监管集中，社会性监管分权，不同监管机构分工负责和协调运行的格局”。

（二）一体化监管与分段式监管

监管机构的产业链边界主要是指，无论对于同一行业，监管机构实行全产业链的一体化监管，还是基于产业链分段集中在产业链局部环节的监管。典型的如水务监管，包括宏观的水资源管理、水环境保护、水利工程建设与管理、城镇水务建设与管理等，具体到城市水务又包括取水、供水（管网）、污水处理、防洪排涝等。

从国际经验来看，在水务行业，一般实行宏观和微观两个层次的一体化管理：宏观上实行区域水务监管的一体化，由国家水利部等部门实行流域水资源管理，不介入城市水务监管；微观上实行城市水务管理的一体化，城市水务由城市公用事业监管委员会或水务局来负责具体的监管工作，从而实现流域水务监管和城市水务监管的分离。在国际上各国也都采用这一宏观和微观分离的各自一体化管理模式，典型的如法国，在环境部下设立流域委员会负责流域水资源管理，巴黎市政府则设立巴黎水务局，具体负责城市供水、排水、污水处理、防汛等涉水事务。

对城市水务行业来说，在微观层面，实行城市水务一体化监管有利于克服传统管理体制下“铁路警察各管一段”的分段式管理的弊端，保证对城市水务的全流程和全系统的监管，提高监管的有效性。城市水务的一体化监管，既可以是监管机构对城市水务的产业链不同环节的经营企业实行全过程管理，也可以是一家城市水务企业一体化经营基础上的全过程管理，而且后一种模式的监管效率更高。英国政府推行城市水务一体化，从取水、供水到污水回收、处理均由一家水务公司提供服务，这样一方面可以增强衔接、提高效率、保证供水安全；另一方面也便于企业和监管机构全程监督管理，明确责任。中国部分城市在城市水务改革过程中，为引入竞争实行了城市水务的三分离，即水资源、自来水生产和自来水输送分别由不同企业经营，这在某种程度上增加了管理和协调的难度，不利于全过程一体化监管。

二　中国城市水务监管机构主要体制模式

在城市水务行业地方分权管理的体制下，由于各个地方实际情况不同和改革进程的差别，各个地级市的城市水务监管机构并没有统一的模式，而体现出多种不同的模式。

（一）城市建设委员会下设公用事业处负责监管模式

沈阳市城乡建设委员会具体职责包括城乡建设法规、建设规划、工程项目管理、建筑行业与市场监管、建筑安全与质量管理、房地产管理、城市公共事业行业（供水、燃气、城市客运）管理、风景名胜区管理等，内部设立具体的专业处室来负责相关的工作。沈阳市城市公用事业监管工作主要由城乡建设委员会下设的公用处负责，公用处主要负责公用事业管理工作；编制供水、燃气、城市客运等公用基础设施建设规划和年度计划并组织实施；负责组织供水、燃气行业特许经营制度的实施及监督管理；综合协调供水、燃气的供应和服务工作；负责城市计划用水、节约用水、城市燃气的监管工作；负责供水、燃气工程重大质量事故的调查处理工作。该模式是传统的市政建设管理体制的延续，具有典型的监管合一的特点，行业管理重在事前的工程管理，轻事中、事后的市场监管，相关的市场监管职能相对弱化，并且城市公用事业多个行业集中由政府部门的一个处来统一管理会造成监管的不精细和监管机构职权较弱的局面。

（二）城市管理委员会下设公用事业监管中心负责监管模式

杭州市将城市建设管理和城市市政管理分开，分别由市城乡建设委员会和城乡建设管理委员会来负责。杭州市城乡建设委员会主要负责城乡建设管理，更多地关注行业总体规划、立法等宏观管理职能。杭州市城市管理委员会主要负责市政设施、公用事业、市容景观、环境卫生等行业管理和具体的监管工作，拥有行政处罚权。杭州市城市管理委员会分别下设市政设施监管中心、公用事业监管中心、市容环境监管中心、市区河道监管中心、数字城管信息处置中心等具体职能部门。杭州市公用事业监管中心主要负责对供水、节水、燃气、公共自行车等实行行业管理和市场监督职能，主要监管职能包括参与起草法规政策，参与制定行业标准，参与公用事业特许经营管理，承担相关企业许可和施工审批、负责（供水、燃气、热力、公交）的市场监管，负责城市供水水质的检查和管理，负责公用行业产品和服务质量监管，参与公用行业应急情况处置。公用事业监管中心下设的主要行业监管科室为供水监管科、燃气监管科、节水管理科等。杭州市城市水务行业监管机构模式的优点是实现了“建管分离”，明确突出了市场监管职能；但缺点是城市水务监管部门级别较低，增加了跨部门协调难度，并且其监管职能主要集中在供水环节，排水和污水处理则由其他中心负责，对整个城市水系统的掌控能力较弱，水务监管权威性不够，不能满足城市水务系统监管的需要。

（三）城市市政公用事业局负责监管模式

济南市市政公用事业局成立于2003年7月，由原济南市公用事业管理局、市城市管理局、市热电总公司三个正局级单位合并组建而成，为市政府直属正局级事业单位，其主要担负着济南市城市市政公用设施建设、管理和市政公用行业监管职能，承担着城市道路、桥梁、路灯、排水、防汛、污水处理、供水、节水、供气、供热10个行业的建设管理与公共服务。其监管职能主要体现为法规制定、规划管理、城市公用事业行业（供排水、燃气、供热等）监管、特许经营监管、参与城市公用事业价格制定、服务质量监管、安全监管、设施管理、节水和二次供水管理等。济南市市政公用事业局下设市政设施建设处、市政设施管理处、供水管理处、排水管理处、燃气管理处、服务监督处、供热管理办公室等具体部门。城市市政公用事业局负责包括水务在内的公用事业统一监管的好处是监管机构的行政级别相对较高，权威性增强，同时也有利于对城市公用事业各个行业实行统一监管，增强政策的一致性。这一模式存在的问题是建管合一，市场监管职能没有明确独立出来。

（四）城市水务局负责行业监管模式

北京市城市公用事业实行行业管理，行业管理部门包括市政管理委员会、市交通委、市水务局、市园林局等分别负责城市公用事业某一行业的具体管理工作。为加强对全市水资源统筹管理，大力建设节水型城市，北京市于2004年5月正式组建北京市水务局。北京市水务局是负责全市水行政管理工作的市政府组成部门，统一管理北京市水资源（包括地表水、地下水、再生水、外调水），负责该市供水、排水行业的监督管理。其主要职责是全市水资源、供水、排水、节约用水、防汛抗旱、水环境、水土保持等方面的监督管理，业务上接受水利部、住房和城乡建设部、环境保护部的指导，对供排水企业实行行业监管（见表3－3）。北京市水务局下设的主要水务监管机构是法制处、工程管理处、供水管理处、排水管理处和安全监督处（应急管理）。北京市城市水务监管机构模式的优点是实现了对城市水务系统的集中统一管理，一定程度上降低了职能交叉的问题和复杂的跨部门协调，并赋予相关行业监管机构较高的行政级别，提高了城市水务监管机构的权威性，总体上满足了分工负责、职责明确和责任清楚的组织机构设计要求。

三　城市公用事业综合监管机构改革下的水务监管机构

根据国际经验和中国的制度现实，着眼于市场化改革、简政放权和依法治国的推进，中国城市公用事业政府监管机构改革的基本目标模式是建立相对独立的专业监管机构，对城市公用事业实行集中统一监管。

表 3－3　　北京市水务局的行政职能

北京市水务局的行政职能
（1）贯彻落实国家关于水务工作方面的法律、法规、规章和政策，起草本市相关地方性法规草案、政府规章草案，并组织实施；拟订水务中长期发展规划和年度计划，并组织实施
（2）负责统一管理本市水资源（包括地表水、地下水、再生水、外调水），会同有关部门拟订水资源中长期和年度供求计划，并监督实施；组织实施水资源论证制度和取水许可制度，发布水资源公报；指导饮用水水源保护和农民安全饮水工作；负责水文管理工作
（3）负责本市供水、排水行业的监督管理；组织实施排水许可制度；拟定供水、排水行业的技术标准、管理规范，并监督实施
（4）负责本市节约用水工作，拟定节约用水政策，编制节约用水规划，制定有关标准，并监督实施；指导和推动节水型社会建设工作
（5）负责本市河道、水库、湖泊、堤防的管理与保护工作；组织水务工程的建设与运行管理；负责应急水源地管理
（6）负责本市水土保持工作，指导、协调农村水务基本建设和管理
（7）承担北京市人民政府防汛抗旱指挥部（北京市防汛抗旱应急指挥部）的具体工作，组织、监督、协调、指导全市防汛抗旱工作
（8）负责本市水政监察和行政执法工作，依法负责水务方面的行政许可工作，协调部门、区县之间的水事纠纷
（9）承担本市水务突发事件的应急管理工作，监督、指导水务行业安全生产工作，并承担相应的责任
（10）负责本市水务科技、信息化工作；组织重大水务科技项目的研发，指导科技成果的推广应用
（11）参与水务资金的使用管理，配合有关部门提出有关水务方面的经济调节政策、措施；参与水价管理和改革的有关工作
（12）承办市政府交办的其他事项

资料来源：根据北京市水务局网站资料整理。

由于中国各个城市公用事业监管机构的组成情况千差万别，机构改革初始条件不同，因此很难做到在相同的时间内实现相同的机构模式，针对不同地区的不同情况，在大的改革方向统一的前提下，渐进地推进改革。一些制度基础条件较好的城市可以通过政府机构改革，实现一步到位，建立综合性的城市公用事业监管机构——城市公用事业监管委员会/局，对大多数城市来说，可以采取分步走的方式来渐进地推进城市公用事业监管机构改革。

（一）建立职能相对集中的城市公用事业监管机构

通过机构改革，改变分工过细的行业管理部门设置体制，将分散在多个部门的监管职能相对集中，在城市政府行政机构内设立行政级别相对较高的城市公共事业集中监管机构，逐步理顺城市水务监管部门之间的职权关系，改变多头执法的局面。在此过程中，要进一步深化市场化改革，通过民营化、特许权经营、政府采购合同、租赁经营等方式将城市公用事业的建设和维护业务交给市场，同时要逐步转变政府职能和实行简政放权，明确政府监管机构主要集中在规划管理、标准制定、特许经营监管、饮用水水质监管、污水处理达标监管、服务质量监管等的基本职责。

（二）建立行业综合性相对独立的城市公用事业监管机构

在城市政府行政机构内组建综合性的城市公用事业监管机构——城市公用事业监管委员会/局。在这个机构内部可以设置若干个专门部门，对城市交通、城市能源、城市供排水、城市垃圾等实行综合性行业监管。城市公用事业监管机构的主要职能是：制定行业发展规划，制定和完善相关法律法规，行使特许经营授权，建立和完善服务标准，实行价格、安全监管等。随着城市公用事业市场化改革和整个国家行政体制改革的推进以及立法的完备，将隶属于发改委的投资监管权、隶属于物价局的价格监管权归并到城市公用事业监管局，并完善制度逐步增强监管机构的独立性，使监管机构的决策摆脱地方政府行政领导和其他行政部门的干预，实现独立公正决策和有效的公众参与，客观公正地依法履行监管职责，平衡企业和消费者的利益，实现社会福利最大化。

四　形成有效的跨部门机构协调运行机制

在水利局、环保局、卫生局、发改委、城市水务监管部门等分工管理的背景下，建立有效的跨部门协调运行机制是保证政府监管机构协调运行和有效发挥监管作用的重要补充。20 世纪 90 年代中后期，西方国家行政改革重要方向是构造“整体政府”，整体政府的理念为形成有效的跨部门机构协调机制提供了重要的指导。整体政府的核心目的是通过对政府内部相互独立的各个部门和各种行政要素的整合、政府与社会的整合以及社会与社会的整合来实现公共管理目标。[1] 整体政府倡导政府整体效果最大化和整体公共利益最大化，强调各方通力协作，建立跨部门协同的工作机制，充分利用资源，为民众提供无缝隙的公共服务。

整体政府主张在不消除组织边界本身的条件下，采用交互的、协作的和一体化的管理方式与技术，促使各种公共管理主体（政府、社会组织、私人组织以及政府内部各层级与各部门）进行协同活动的“联合”工作，以达到功能整合、有效利用稀缺资源，为公民提供无缝隙服务的目的。[2] 整体政府模式包括内、外、上、下四个维度的运作机制：通过组织结构再造实现政府组织内部整合，合作途径是建立新的组织文化、价值观念等；通过跨组织的工作方式发展外部协作关系，合作途径是捆绑式预算、组织整合等；建立自上而下的责任与激励机制，强化结果导向的目标分享和绩效评估等；建立自下而上的公众服务需求表达机制和参与机制。

根据整体政府的治理理念，监管机构与其他行政部门之间的协调并不是传统的部门分离基础上简单的跨部门协作，而是基于政府监管的根本目标，从实现政府监管有效性的目的出发，通过整体政府的一个核心内容是行政系统内部各部门之间基于业务流程所形成的政务协同，实现了跨部门的网络化政务协同无缝隙衔接。根据整体政府的理念，监管机构与政策部门之间的组织协调关系主要体现在以下几个方面。

（一）以流程为核心实现组织结构再造

针对城市公用事业政府监管中存在的条块分割、职能交叉和职责不清的问题，需要根据城市公用事业政府监管的根本目标，系统整合城市公用事业监管职能，打破部门界限，打破分割管理模式中分散化、功能分割、各自为政的管理和服务方式，构建以流程为核心的扁

① 蔡立辉、龚鸣：《整体政府：分割模式的一场管理革命》，《学术月刊》2010 年第 5 期，第 37 页。

② 蒋敏娟：《从破碎走向整合——整体政府的国内外研究综述》，《成都行政学院学报》2011 年第 3 期，第 88 页。

平化网状组织结构。组织再造的核心是打破城市公用事业原有的行业分割和业务分段的监管模式，依据行业纵向产业链条和监管业务流程，对各个部门的资源和职能进行有机整合和有效协调，实现政府部门之间的无缝隙衔接，实现政府监管的最大效能。

（二）建立新的绩效考核体制

在组织结构重组过程中，通过任务分解，明确各个机构的职责权限，通过立法对各个机构的职责权限做出了明确的规定，明确国家住建部的规划、标准和监管的基本职责，强化国家和省级监管机构对城市监管机构的绩效评估，明确城市监管机构的主体地位。同时由于监管职能的整体性和监管公共价值的不可分割性，职能明确的同时必须建立新的绩效考核评价体制，将有关部门的协调配合和监管网络中的绩效等跨部门目标作为重要的考核内容，并对重大监管失灵事件实行相关部门整体问责，从而建立促进和保证跨部门合作的激励和约束机制，实现纵向合作和跨部门、跨环节横向合作的有机统一，实现部门独立性与合作性的统一。

（三）以信息资源整合为基础实现信息共享

信息资源整合是构建整体政府、实现部门间协调运行和协同监管的重要基础。信息资源整合归集就是打破了碎片化的分割模式下各部门相互隔离、独成一体，信息资源完全孤岛化的状况，把行政系统内部相互分割的各个相关部门和各个监管行政层级的信息资源有机结合起来，形成跨部门之间以交换共享为特征的信息运行环境，整合后的资源关联度更高，许多隐藏在信息中的知识逐渐显现或被挖掘出来，更加便于各政府部门对资源的充分利用，从而实现有效的信息资源共享和开发利用，解决企业信息碎片化、分散化、区域化的问题。[①] 为此，应建立城市水务信息归集机制，整合各部门信息资源，建立跨部门信息交换机制，推动政府及相关部门及时、有效地交换共享信息，打破“信息孤岛”，提升信息归集的统一调度处理能力和互联互通的协同能力。

---

① 蔡立辉、龚鸣：《整体政府：分割模式的一场管理革命》，《学术研究》2010 年第 5 期，第 38 页。

（四）建立必要的跨部门协调机制

部门之间的协调机制主要有两种形式：一是建立部门之间的程序合作和沟通协调机制，如信息互享、人员流动、协商咨询等；二是通过组建跨部门的协调组织来加强协调，如建立跨部门的协调委员会或联席会议制度，来对涉及部门职能交叉的事项进行综合协调。如针对城市水务行业发展面临的诸多重大问题，可以成立由国务院牵头和住建部、水利部、环保局、卫生部等相关部门共同组成的城市水务委员会，并在住建部下设该委员会的办事秘书处，以有效协调城市水务的决策和监管。

五　形成监管机构与社会监督协调机制

城市公用事业提供的产品和服务是涉及社会公众的“准公共产品”，具有明显的社会敏感性，城市公用事业政府监管必须建立与政府机构外部的企业组织、社会组织之间良好的合作和对话机制，建立与外部和社会之间的协调机制。

（一）推进民营化，建立稳定的公私伙伴关系

保障国民福利最大化是任何一国政府的根本目标，政府有责任保证社会公众获得基本的城市公用事业产品和服务，但是，这并不等于需要政府都亲力亲为，并不等于政府一定要作为直接提供者，“政府的角色应该是掌舵者而非划桨者”。发达国家城市公用事业改革的实践显示，没有任何的逻辑理由证明公共服务必须由政府机构来提供，更多依靠民间机构、更少依赖政府，同样可以取得良好的城市公用事业产品和服务供给。在城市水务行业运营体制中，应构建多种公私合作机制，政府可以通过合同承包、招标采购、特许经营、租赁经营、特定委托等方式，向包括企业、社会组织、行业协会在内的各种组织购买公共产品和服务，政府要做的工作则是拟定公共服务应达到的标准、服务对象等相关规范和要求，并对各种组织提供的服务效率、质量和效益进行考核，依据考核结果支付相关费用，并考虑是否续订这种服务。

（二）大力发展社会组织，建立政府与社会合理分工的关系

培育社会中介组织，为城市水务行业政府监管提供技术性服务。在监管标准和规则明确的情况下，通过业务外包或采购，以政府购买

服务的方式，让一些社会中介组织，在政府监管机构的委托下，从事城市公用事业监管的部分工作，不仅有利于发挥社会组织的专业优势，弥补监管机构的能力不足和降低行政成本，也有利于提高政府监管机构的社会认同度和有效性。典型的如在价格监管过程中，如何监管企业的成本始终是一个监管的难题，对企业的成本监管和审计工作完全可以外包给独立的社会组织；再如对水质的监测工作完全可以外包给专业的社会组织来进行。

（三）形成有效的公众参与机制，建立良好的政府与公众关系

建立和完善有效、有序的城市水务行业政府监管的公众参与机制，是实现良好监管的重要制度保障。根据现代的公共治理理念，在监管的过程中，不应将公众视为监管的对象，而应该视为共同参与决策的合作伙伴，应该更加关注大部分民众的利益，或者扩大监管行政的社会代表性。监管过程应该保持充分的透明度和保持充分的公众参与，监管过程应该最大限度地让受监管决策影响的各种利益主体了解相关的信息，有机会参与决策过程，表达自己的观点，维护自己的利益。为此，城市公用事业监管部门强化信息公开制度，及时向社会公众披露有关信息，保障公众的知情权、参与权、监督权；推进监管决策的程序化、民主化，扩大公众参与的渠道，建立包括听证会、通告、书面评论、网上论坛、咨询委员会等多种公众参与形式，鼓励各种消费者组织和社会组织参与城市水务行业监管。

第四节　城市水务监管机构的监管职权

一　监管机构的基本权力

垄断性产业监管机构应当具有明确的法律地位，并得到法律的充分授权，这是监管机构维护其独立性，较好地履行监管职能的法律基础。总的来说，通过法律授权，监管机构应拥有准立法权、行政权和准司法权。

（一）准立法权

从理论上讲，监管机构不是立法机构，不具有立法权。但城市公用事业行业具有较强的专业性，立法机关往往缺乏特定领域的专业技术知识，难以适应具体监管立法的需要。同时，法律具有相对稳定性，而城市公用事业行业具有可变性，原有法律和动态变化的垄断性产业经常存在不适应性，这需要不断制定或调整具体的监管法规。此外，法律条文通常比较原则、抽象，不能直接应用于监管对象，需要在基本监管法律的基础上制定较为具体的监管法规。这些都使立法机关只能制定城市公用事业行业基本监管法律，而不能制定具体而复杂的监管法规。因此，立法机构就将基于基本监管法律的监管法规立法权授予监管机构。这就是监管机构的准立法权。

准立法权通常包括三个主要方面的内容：一是在一定的监管法律框架内，制定监管法规。由于监管机构的监管业务大都属于专业性很强的业务，较之一般性行政事务，尽管政治性较弱，但往往技术性很强，复杂多变，因而立法机构往往缺乏足够的能力制定详尽的法律，通常只能做出原则性规定。监管机构则根据法律框架制定详细、可操作性的监管法规，以实现立法的目的。可见，监管机构制定的监管法规实际上是有关法律的实施细则，应该与法律保持一致。二是制定标准。有关法律对调整对象往往只规定一个原则性很强的标准，而监管机构则要根据这种原则标准，制定更具体的、可操作性强的执行标准。例如，有关法律规定垄断性产业的监管价格必须公平合理，维护消费者的利益。据此，监管机构就要制定具体的监管价格标准。三是监管机构可以而且应当提出立法建议。在设立监管机构的有关法律中，通常规定该机构就其监管业务，应向立法机构提出制定法律或修改法律的建议。当然，这种提出立法建议的权力，只是监管机构利用自身的专业能力和监管经验，辅助立法机构进行立法活动，本身并不是立法。这些立法建议在完成全部立法程序前，并不具有真正的约束力。

（二）行政权

监管机构的权力不限于制定抽象的规则，而且处理大量的具体业务，裁决具体的争议，运用抽象的规则于具体事件，这就是监管机构的行政职能。例如，监管机构可要求被监管对象提出报告，对被监管对象进行调查；可批准某些行为，禁止某些行为，追究某些违法行为。如果不行使具体的行政权，监管机构就无法履行自己的职责。因此，监管机构实质上是一个行政管理机构。

（三）准司法权

监管机构对其监管对象是否违反法律，有裁决的权力，即准司法权。与监管机构的准立法权一样，从理论上讲，监管机构不是司法机构，不具有司法权。但至少有以下原因被认为监管机构拥有准司法权是合理的：一是法院（主要司法机关）不具备对城市公用事业行业复杂多变的监管所需要的知识、经验与检测设施等物质条件，而监管机构在这方面具有绝对优势。二是监管机构对其监管对象实行主动监管比法院实行被动监管更有效。监管机构往往对其监管对象实行事前、事中和事后全过程监管，而法院在通常情况下以“不告不究”为原则，只实行事后司法监管。因此，监管机构能事前防止违法行为的产生，能事中控制违法行为的扩散，这显然比法院能更有效地实行全过程监管。三是监管机构能比法院更好地维护广大消费者的利益。城市公用事业行业的消费者人多面广，是一种规模庞大的利益集团，单个消费者的维权行为固然能为整个消费者利益集团带来一定的利益，但个人收益并不大，而所有的维权诉讼成本却由这个采取维权行为的消费者承担，这就使消费者产生“搭便车”效应，即单个消费者往往不愿通过法院维权。“监管机构所扮演的角色是代表实际的和潜在的受害者，将个人的申诉汇集起来，并根据来源于个别消费者的申诉，对违法者进行赔偿性处罚。”[①] 因此，监管机构能更好地维护广大消费者的利益。

二　监管机构的基本职能

监管机构的各种权力是通过其具体职能反映与实施的，主要职能包括以下几个方面。

---

① 转引自马英娟《政府监管机构研究》，北京大学出版社2007年版，第76页。

（一）制定城市水务监管法规与有关标准

制定条例、规章和标准是监管机构最为重要的职能。监管机构通过发布条例、规章，规定具有普遍适用性的行为规则和有关标准。行政条例和规章具有法律效力，相关人必须执行，违法者将受到制裁。制定行业通行的技术标准、质量标准、安全标准、服务标准、成本监审标准等是监管机构实现有效监管的重要基础和有力手段。

（二）颁发城市水务企业经营许可证

监管机构根据具体垄断性产业的需求与供应能力、企业的资质等因素，颁发企业经营许可证，实行进入监管。从这个意义上说，许可证监管是一种进入监管。经营许可证实际上是监管机构与企业间的一种合同，应详细规定企业应当承担的各项义务，在价格、服务质量、公平交易等方面的业务规范。同时，监管机构还应根据具体产业的发展状况和供求变化、技术进步等因素，修改经营许可证的部分条款。

（三）实施饮用水安全监管

保障城市供水安全是水务监管的重要任务，城市水务监管机构要督促供水企业加强对原水、出厂水、管网水的水质监测工作，实现城市水务一体化监管。加强城市供水水质的监督监测工作，加快城市供水水质监测网的建设步伐，引入第三方独立监管，保证饮用水水质安全。要建立完善的城市供水风险预警体系，制定科学的城市供水突发事件应对预案，形成有效的应急管理工作机制。

（四）实行供水和污水的价格监管

监管机构应根据各地城市水务行业的成本状况、科技进步、提高生产效率的潜力等因素制定受监管城市公用事业行业产品或服务的价格形成机制，确定价格调整的周期，加强成本监审，负责组织召开价格调整的听证会议和做出价格调整的决策。在近期，为了保证价格监管的有效，需要加强城市水务企业的成本监审，消除企业虚报成本，监管机构缺乏准确成本信息的严重信息不对称问题，为科学制定水价和进行价格监管提供基础。

（五）进行服务质量监管

城市公用事业实行质量监管的主要政策措施是：政府监管机构应

采取定期检查、随机抽查等方式以及公众投诉情况来对企业的服务质量进行检测、评估，并向社会公布其结果，接受公众监督，促使企业自觉提高服务质量。同时，政府要根据城市水务行业的特点，制定服务质量监控标准，并制定与服务质量挂钩的奖惩机制，对低服务质量的水务企业实行经济处罚，督促其不断改进服务质量。监管机构要对消费者的投诉进行及时处理，对城市水务企业向消费者提供服务中存在的问题提出整改要求，保护消费者的合法权益。

（六）监管企业不正当经营行为

监管机构应对企业的经营行为实行监督，如发现企业违反经营许可证所规定的条件、服务标准或其他应遵守的规则，监管机构可以中止许可或吊销其经营许可证。监管机构还可以发布禁止令，禁止有关企业采用不正当的竞争行为和各种欺诈行为。在开放竞争的市场，如果企业之间从事价格协调或强买强卖等搭售行为，则这些行为会严重伤害市场竞争和消费者福利，是《反垄断法》禁止的垄断行为，监管机构会同反垄断机构展开调查取证并对企业的反垄断行为做出处罚。

（七）供水企业绩效监管

监管机构要建立科学系统的城市水务企业运营绩效评价指标体系，定期对城市水务企业的绩效进行评估，发布年度行业绩效评估报告，并将绩效评估结果同企业许可证发放、经营权合约等结合起来，形成对水务企业的约束力。

三　城市水务监管职权的运用：回应性监管理论的视角

长期以来，政府监管被看作是政府机构通过制定法律或颁布行政命令来管制可能造成负面影响的社会行为。这实际上是将政府监管机构看作是监管的唯一主体，排除了其他监管主体的作用，并将政府监管机构和监管对象完全对立，由此政府监管的工作重点就是不断强化自身的行政执法权力并加大执法力度，通过保持执法的高压态势来确保企业守法。虽然政府监管机构执法强度不断强化的同时监管执法效果有所体现，但是带来的问题是执法行政成本和经济成本巨大，长时间高强度执法的效果不具有长期可维持性，而是呈现出效力递减的规律，长期监管有效的目标无法实现。

近年来，政府监管理论的一个重要发展是由伊恩·艾尔斯和约翰·布雷斯维特（1992）提出的回应性监管理论①，该理论倡导建立混合型的监管体系，这种体系强调政府机构和非政府机构之间的合理分权，并且政府机构和非政府部门之间在监管政策制定和实施中实现良好的互动，在此基础上政府监管实施策略和政策手段应该根据被监管的公用事业运营主体——企业的具体情况灵活采用，从而取得最佳的政府监管执法效果。

回应性监管理论的核心是监管策略的"金字塔理论"。回应性监管理论的"金字塔理论"的核心体现在以下四个基本原则：

首先，同等回应原则。同等回应是指监管主体应当依照被监管者具体情况的差异而选取合适的对策，具体而言，对积极守法但偶尔犯点小错误的被监管者应采取软性监管手段，而对恶意违法、拒绝守法、对抗执法或对社会危害巨大的违法的被监管者则采取硬性约束，从而体现监管执法的"宽严相济"，体现"针锋相对"的执法策略。

其次，劝服优先原则。劝服优先是指将"软"措施作为首选，在面对实现执法目标的多种政策工具选择中，监管机构应该优先选择行政成本低、违法企业守法成本低并且守法企业更认同的政策手段，严厉的惩罚措施只在特定的情况下才加以运用。

再次，惩罚为盾原则。惩罚为盾是指要以惩罚手段作为威慑的后盾，是最后的监管措施选择。监管者必须具备有力的惩罚手段，从而保证政府监管机构的权威性和威慑力。但惩罚措施并不是随意运用，它只适用于特别严重的情况。监管者不经常动用惩罚手段，但一经启用就必须使被处罚者遭受实实在在的大于违规收益的损失，使监管目标不折不扣地实现。

最后，手段多元原则。手段多元是指为使威慑有效，监管者必须具备充分的惩罚手段，且这些惩罚手段必须能与不同的违法行为相对应，以防止惩罚过轻或过重。

---

① Ian Ayres and John Braithwaite, 1992, *Responsive Regulation: Transcending the Deregulation Debate*, Oxford University Press.

回应性监管“金字塔理论”认为，政府要系统分析行业结构、被监管者动机、自我监管能力等方面的具体情况来灵活采用监管政策实施手段和监管策略。一是对监管对象——微观主体（企业）所采用监管政策实施手段选择模型——监管实施手段金字塔（见图3－2），主张政府监管行政执法的基本目标是确保监管对象遵守法律和规章，应以最灵巧之手实现最佳的监管效果。政府监管实施手段应该优先采用成本最低的手段，并视情况逐步选择更严厉的执法手段，逐步提高监管强度。这样既能保证执法效果，又能有效降低执法成本，消除传统行政执法总是以严厉政策出现的“硬执法”形象。具体来说，监管实施手段应该从劝服、警告、民事处罚、刑事处罚、吊扣执照、吊销执照来依次升级。二是面对监管问题如何实现政府监管机构和非政府监管机构的合理分工和有效相互作用的监管实施策略模型——监管实施策略金字塔（见图3－3），其主张面对监管问题并不一定总是需要政府作为唯一的执法机构并第一个出场来实施监管，应该将微观企业和行业的自我监管作为优先选择，充分发挥微观主体和行业组织自我监管的能动性，改变政府机构是唯一执法部门和执法以严厉处罚为主的形象。具体来说，政府以特定行业的自我监管为首选，进而才对其施行强化型自我监管、酌罚式命令型监管乃至超罚式命令型监管，逐步收紧行业监管自主权，逐步体现政府监管的最后威慑作用。

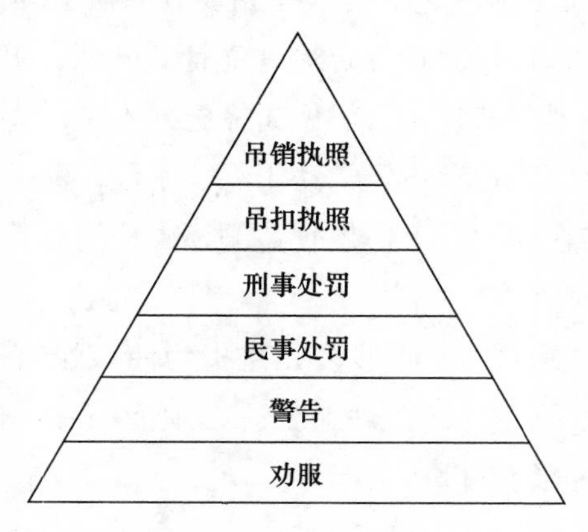

图3－2　监管实施手段金字塔

资料来源：根据伊恩·艾尔斯和约翰·布雷斯维特（1992）绘制。

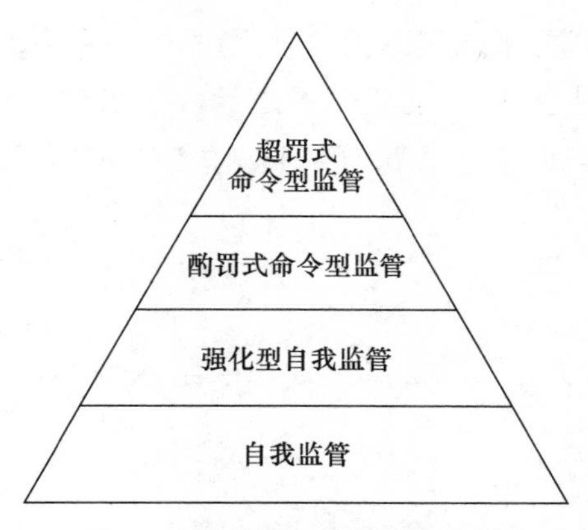

图 3－3　监管实施策略金字塔

伊恩·艾尔斯和约翰·布雷斯维特（1992）提出的回应性监管金字塔理论存在的不足是它仍然将处罚作为监管行政执法的手段，陷在“罚”的陷阱里，因此被称为“惩罚性金字塔”。布雷斯维特等（2010）提出了“支持性金字塔”来对此加以补充，强调“奖惩结合、软手段优先”的监管策略思想①，即政府监管双重金字塔模型（见图 3－4）。在政府监管机构实施监管过程中，应该先从“支持性

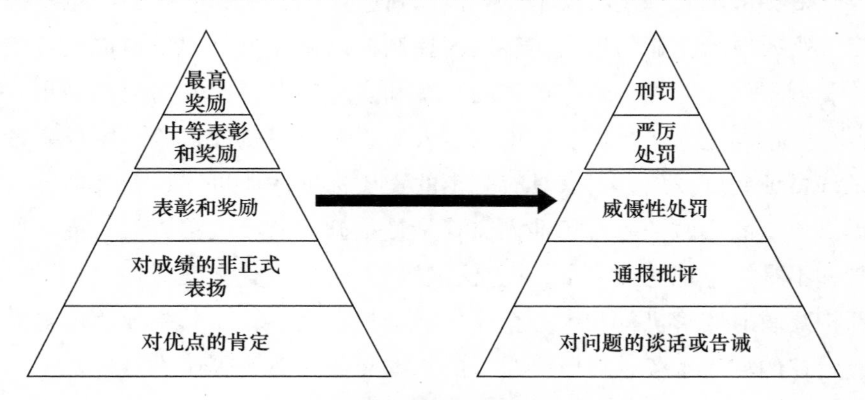

图 3－4　政府监管双重金字塔模型

资料来源：根据 John Braithwaite、Valerie Braithwaite、Michael Cookson 和 Leah Dunn（2010）修改绘制。

① John Braithwaite，Valerie Braithwaite，Michael Cookson and Leah Dunn，2010，*Anomie and Violence：Non－truth and Reconciliation in Indonesian Peace Building*，Canberra：Australian National University Press.

金字塔”开始，优先采用奖励性监管手段，并逐渐提高支持鼓励的手段强度，当所有支持性手段都穷尽之后，仍无法达到预期的监管效果，则转到“惩罚性金字塔”，并根据监管实施效果逐步提高监管手段的强度。

第五节　城市水务行业监管主要内容与手段

一　城市水务行业经济性监管

为适应城市水务行业全面深化改革对政府监管的新需求，实现有效监管，需要从顶层设计上建立城市水务行业监管机构体系，科学定位政府机构的角色和配备监管职能。从中国的现实来说，城市水务行业监管机构的经济性监管主要内容包括市场准入监管、价格监管、企业成本监管、供水安全监管、服务质量监管等。

（一）市场准入监管

由城市水务行业的技术经济特征和重要的公共基础产品特点所决定，需要对新企业的进入实行适度控制，以避免重复建设造成投资浪费和低素质企业进入带来严重的环境和安全问题，因此需要对城市水务行业市场进入实行监管。市场准入监管主要是资质监管，主要手段是许可证制度发放，只有具有一定的资质标准才能进入运营并向社会提供该产品或服务。市场准入监管是最基础的监管政策工具，准入监管并不是简单地进入审批，而是通过进入资质审查和发放许可证，重新构建政府监管机构和水务企业之间责权利关系，尤其是要明确拥有经营权的城市水务企业所要履行的基本义务和必须达到的相关标准。

城市供水行业提供的产品是社会的必需品，需要保证生产供应的高度稳定性。这就需要在制定市场准入监管政策的同时，制定市场退出监管政策，控制企业在无利可图或者在更好的投资业务吸引下，任意退出市场，以免造成城市公用产品或服务生产供应的不稳定性。在原有企业特许经营期满或有正当理由中途要求退出市场的情况下，政府监管机构应通过竞争方式选择新的经营者，并做好原有企业与新企业的交接工作，以保证城市饮用水供应的连续性与稳定性。

（二）价格监管

价格监管政策是城市水务行业监管政策的核心内容。价格监管的目标主要有三个：一是促进社会分配效率。城市公用事业的显著特征是具有自然垄断性，通常由一家或极少数几家企业垄断经营，这就要求政府对城市公用事业的价格实行监管，防止其制定过高价格来伤害消费者的利益。二是激励企业提高生产效率。价格监管作为一种重要的监管手段，要激励企业优化生产要素组合，充分利用规模经济，不断进行技术革新和管理创新，努力实现最高生产效率。三是维护可持续发展。城市水务行业具有投资额大、投资回报期长的特点，并且水资源是一种重要的稀缺资源，污水排放会对环境造成污染。因此，需要通过价格机制来确保企业通过收费能回收供水和污水处理的成本并获得合理稳定的回报，从而有激励进行持续的投资、不断改进供水水质和达标排放。

（三）企业成本监管

城市水务企业的经营成本如果得不到有效控制，激励约束机制不健全，价格制定的科学性就难以保证。因此，城市水务行业全面深化改革必须加快构建有效的水务企业成本激励约束机制，加强对城市水务企业成本监管。首先，建立标准化、制度化的成本监审制度，由国家监管机构制定颁布全国统一的《城市公用事业成本监审办法》，明确成本构成、主要费用的计算标准或分摊办法、监审程序、信息公开义务等。其次，建立城市公用事业企业信息申报制度，明确企业向监管机构如实申报信息的义务。以企业许可证发放为抓手，明确规定企业必须按照统一规则来定期如实申报包括供应成本在内的企业相关信息。再次，建立企业成本信息数据库，利用大数据分析及时掌握城市水务行业和主要企业的成本变化。最后，为了保证成本监审的专业性和独立性，并提高行政效率，可以采取政府购买社会服务的方式，由第三方来负责城市水务企业的成本监审工作。

长期来看，为降低成本监审的负担，监管机构应建立有效的激励性监管政策，激励企业主动降低成本和披露成本信息，从而降低成本监管的负担。有效的激励性机制就是在原有激励结构和信息不对称的框架下，通过设计合理的激励方案，给予城市水务企业一定的自由裁量权，让企业合理分享效率改进和降低成本的受益，从而激励企业主动加强管理、改进技术和提高效率。由于在激励性监管政策下，企业的效率改进受益和运营成本的降低带来的高回报主要归企业所有，因此企业有激励主动降低成本，而不是通过虚报成本、盲目投资、增加富余人员等低效率方式来要求政府调价以获得高信息租金。在激励性监管政策下，监管机构显然不需要将大量的精力投入企业成本监管问题上。

（四）供水安全监管

城市水务安全监管主要保证供水安全和饮用水安全。一是供水的运营安全，防止重大安全事故的发生。为保证城市供水的安全可靠供应，监管机构应根据行业特点，制定相应的供水安全生产标准和保障制度，定期或不定期地对有关设施设备、作业场所、操作规程、故障抢修、岗位责任制等进行监督检查，并要求企业必须建立和严格执行安全报告制度、应急保障制度等，尽可能消除各种安全隐患，提高发生突发事件时的应急反应能力。二是饮用水安全，为消费者提供安全的产品或服务，保护公众的健康。饮用水安全是影响生命健康的重要因素，保证饮用水安全成为水务监管最重要的内容。由于饮用水安全涉及城市水务行业的所有方面，因此需要建立城市饮用水安全标准体系、安全监管的风险预警机制、建立覆盖供水全过程的监管系统、形成有力的安全责任问责机制。

（五）服务质量监管

政府对城市水务行业实行监管的一个重要目标是维护消费者的利益权益，增进消费者的满意度。为此，需要对城市水务企业的服务质量设定科学的评价考核标准，并建立有效的激励约束机制来促进企业以消费者为重心，不断提高服务质量。比如在英国水务行业，英国水务监管办公室于 1997 年制订了《服务标准保证方案》[①]，对水务公司

---

① OFWAT, 1997, *The Guaranteed Standards Scheme*, Birmingham: Office of Water Services.

的服务绩效进行了较为全面的监管，主要服务标准包括遵守与顾客的约定、答复顾客账单疑问、对顾客意见及时反应、预先通知中断自来水供应、及时安装水表、排除溢水和处理自来水低压问题等许多方面。作为服务承担者的水务公司如果未能达到规定的绩效标准，则必须向家庭用户和非家庭用户赔偿。如果自来水经营企业不能达到这些标准，顾客有权要求经济赔偿。如果企业和顾客发生赔偿纠纷，双方都可以要求监管机构做出仲裁。对于服务质量，监管机构每年出版一部年度报告，对水务行业的服务水平做出评估。报告包括压力不足、供水中断、使用限制、洪水等方面，以及账单处理、消费者投诉、电话联系方便程度等。为了促进企业提高服务的质量，水务监管办公室根据服务水平绩效评价，对排名前五位的水务企业给予相应的财政奖励，对排名后五位的企业实行一定的惩罚。服务质量标杆管理在激励水务部门改进服务质量方面发挥了突出的作用。

二　城市水务行业经济性监管手段

价格监管是城市水务经济性监管的核心，价格监管应该逐步由低激励效能的“成本加成”监管向激励性监管机制转变。

（一）投资回报率监管

在公用事业领域，投资回报率监管是指监管机构通过规定企业投资的回报率标准，保障企业在正常运营、向用户提供充足可靠的产品或服务的同时，能够收回投资成本并获得合理投资回报，并且防止企业制定垄断高价的价格监管方式。不同地区或行业投资回报率监管方式可能存在一定差异，但基本过程是相似的：首先，监管机构综合考虑行业特性、无风险利率等因素制定投资回报率标准，规定费率基准。其次，对企业的投资、现存资产以及运营成本等进行核查，确定计算投资回报的基数。最后，监管机构设计价格结构，确定价格水平，以确保企业提供产品和服务获得的收入能够覆盖成本，并获得约定的投资收益。

投资回报率监管的基本模型为：

$$\sum_{i=1}^{n} P_i \times q_i = \sum_{j=1}^{m} C_j + r \times V$$

等式左边是企业提供产品或服务获得的收入，右边是企业运营成本和投资回报之和。其中，P_i、q_i 分别表示某种产品或服务的需求量和价格，C_j 表示企业提供产品或服务过程中发生的成本，r 表示投资回报率，V 表示投资或资产的价值，是计算投资回报的基数。

投资回报率监管模式的优点主要体现在以下几个方面：首先，它能够为企业投资提供保障，有利于激励企业投资城市水务行业。投资回报率管制保证了企业能够回收运营成本并获得一定的投资回报，这种监管方式下，成本、价格和收益之间的关系相对简单，企业成本回收近似于“实报实销”，投资面临的风险较小。其次，由于产品的价格结构和水平由监管机构根据企业成本确定，能在一定程度上防止水务企业收取垄断高价，维护消费者的利益。最后，政府价格监管的行政成本较低。由于城市水务行业是一个技术和市场相对成熟和稳定的行业，如果具有完善的企业信息申报和披露制度，则政府监管机构会根据比较准确的企业经营财务数据做出相对准确的价格监管决策，投资回报率监管简单易行，大大降低了政府监管的行政成本。

投资回报率监管也存在几个比较明显的缺陷：首先，投资回报率监管不能有效地激励企业降低成本和提高运营效率。由于企业的投资回报是基于成本和合理回报率来确定的，在投资回报率给定的情况下，企业加强管理和技术创新带来的成本下降并不会为其带来额外的收益，由于成本降低反而面临政府更高的成本效率要求，因此，企业缺乏提高效率的激励；相反，有激励通过虚报成本来获得更高的回报。其次，投资回报率监管会产生过度投资的非效率问题。投资回报率过高可能会刺激企业为了多获取投资回报而进行过度投资、超前投资，即可能产生 A—J 效应，而投资回报率过低则不利于调动企业投资积极性，造成投资不足。最后，投资回报率和回报基数难以有效确定，往往是政府监管机构和企业讨价还价的博弈结果。投资回报率监管下，被监管企业的利润规模直接取决于投资回报率水平和投资基数，投资回报率水平的高低直接影响到企业的收益和居民福利。但由于信息不对称和环境不确定性，政府机构往往很难确定一个适应一定时期的合理投资回报率，政府很容易陷入和企业多轮讨价还价当中，面临较高的监管成本和较大的监管俘获风险。

（二）价格上限监管

价格上限监管是指监管机构在约定期间内，为由被监管企业提供的产品或服务设定一个综合价格上限的一种价格监管方式。价格上限监管一般采用 CPI - X（或 RPI - X）模型：

$$P_{i,t}=P_{i,t-1}\times(1+CPI_{t-1}-X_{i,t-1})$$

其中，$P_{i,t}$、$P_{i,t-1}$分别是 i 产品或服务在 t 期和 $t-1$ 期的单位价格上限，$X_{i,t-1}$为生产率因子，表示从第 $t-1$ 期到第 t 期生产效率提高的百分比，包含技术进步、管理进步、成本节约以及规模经济等因素带来的效率提高，这个值由监管机构与被监管机构谈判确定。CPI 表示消费者价格指数，即通货膨胀率，英国采用 RPI 指数，即零售价格指数。可以看出，下一期的价格上限变动取决于这一期的通货膨胀和生产率的提高幅度之间的关系，如果 $CPI_{t-1}-X_{i,t-1}$为负，则第 t 期的价格上限将下调，下调的幅度为 $CPI_{t-1}-X_{i,t-1}$的绝对值；反之，当通货膨胀率高于生产率提高的幅度，价格上限将上调。

价格上限监管一般先是由监管机构、消费者代表和被监管企业就价格调整期限、生产率提高因子、被监管的服务种类以及价格上限调整的计算公式等问题进行谈判和约定。当价格调整期限届满之时，监管机构与被监管企业拿约定的生产率因子，与通货膨胀率进行比较，然后制定这一期的价格上限，并就下一期的生产率提高幅度、价格调整期限等问题进行谈判。

价格上限监管是一种典型的激励性监管，具有多个优点：首先，在价格上限监管下，由于企业通过降低成本和效率改进可以获取更多的利润，因此有较强的激励效率。其主要的优点在于一定程度上缓解了由于监管双方信息不对称造成的难以对企业成本进行有效监督以及激励的问题。价格上限监管不需要对企业的成本进行详细的评估，并能在防止被监管企业征收垄断高价的同时，允许企业获得生产率提高带来的收益，因此能够有效地激励企业提高效率。其次，价格上限监管不需要对企业的资产和投资进行详细的评估，监管成本相对较低。最后，价格上限监管通常只是针对综合价格，企业可以选择价格结构。当企业同时经营多种产品时，针对“一揽子”产品或服务的价格上限给企业留下较大的选择空间。

2008 年开始英国政府对实施了多年的价格上限监管的效果进行了总结评价，英国的实践显示，价格上限监管具有如下不足：首先，在价格上限监管下，被监管企业要面临比在固定收益率监管方式下更大的风险，企业要应对经营过程中出现的各种突发情况并承担由此产生的成本，造成企业不稳定。其次，由于价格上限监管下的价格调整周期一般为 5 年，企业的经营行为往往只关注 5 年的情况，企业效率激励具有明显的短期化特点，不利于水务行业长期的高效率稳定发展。而且当监管期限较长时，企业为了实现监管期限内的利润最大化，可能会有意地容忍内部的低效率行为。因此，生产效率最高的生产方式仍然不是企业的最优选择。最后，价格上限带来的效率改进并不会让消费者同步分享。针对上述问题，2010 年以来，英国开始对价格上限监管进行完善，包括强化消费者分享机制，将价格调整周期由 5 年上调至 8 年，建立风险分担机制和推行“菜单监管”等。

（三）收益上限监管

收益上限监管与价格上限监管存在很多相似之处，都是激励性监管方式。收益上限监管也称为收益共享政策，其主要考虑物价上涨和生产率提高的因素来确定最大平均收益上限，以激励企业进行技术创新和提高效率，同时防止企业由于某些外生的因素获取不合理的高利润，从而保证生产者和消费者之间的利益平衡。

收益上限监管的主要优点是：首先，收益上限监管能够确保企业获得稳定的收益，降低了企业经营风险，有利于企业稳定投资和经营。其次，企业具有较大的灵活性来制定价格水平和设计价格结构。相对于价格上限监管方式，收益上限监管对企业的价格行为约束较为宽松。因为监管机构只是对被监管企业的总体收益率水平进行限制，企业有较大的自由选择价格结构和价格水平的权利。由于企业收益取决于市场需求，即产品价格和需求量，企业可以在收益上限之内自主地做出价格决策。最后，收益上限监管不会发送提高需求或者供给量的信号，因此适合用于需要加强需求侧管理的领域，有利于促进水资源节约。

收益上限监管的主要缺点是：首先，难以有效确定各方长期都认可的合理的收益率标准，尤其是在燃料价格、劳动力成本等成本因素波动的情况下，一定周期内合理收益率标准较难确定。其次，即使明确了合理的收益率，政府监管机构仍需要对企业的经营成本进行审核，其监管的行政成本相对较高。由于这些缺点，在各国城市水务监管中，一般不采用这一模式。只是在特定情况下，外界因素导致企业收益率出现超过一定标准的不合理高增长时，监管机构才会相应地介入。最后，收益上限监管会增强企业与政府部门关于收益率的博弈激励，甚至可能会造成对监管部门的俘获。

（四）标杆比较监管

标杆比较监管是基于对同行业企业运营绩效的比较来确定一个企业的价格水平或收益率水平，其通常采用区域企业平均成本或高效率企业的个别成本作为标杆基准。一般而言，实行标杆比较监管首先要对同行业的被监管企业进行绩效评价，个别成本定价法和社会平均成本定价法是选取标杆价格的两种主要方法。个别成本定价法是选取运营效率最高或较高的企业的产品或服务价格作为标杆价格，以此作为价格监管的基准；而社会平均成本定价法是在一定地区范围内，按照这一地区所有城市的企业成本状况，形成社会平均成本，并考虑行业生产效率提高的潜力，制定标杆价格。在英国、澳大利亚等国家，标杆的确定通常采用全要素生产率方法、随机前沿分析方法、DEA 方法等来科学测算生产率，从而保证标杆合理反映行业的效率水平，促进企业改进效率。

标杆比较监管能有效解决由于信息不对称造成的企业虚报成本和效率激励不足的问题，能有效激励企业改进效率和降低政府监管行政成本。在标杆比较监管方式下，一家企业要想获得超额利润或政府补贴，只有把自身的成本降到标杆价格之下才有可能。运营绩效好的企业将因此获利，运营绩效差的企业将面临亏损的威胁，这就促使企业努力改善经营。当所有企业都采取相似的行动时，整个行业的成本就会下降。这种监管方式通过间接的方式激励企业降低成本、提高运营效率，并能提高信息的透明度。标杆比较监管最先在英国城市水务行业应用并取得很大的成功。

标杆比较监管在实际运用于一些行业时，可能存在一些问题。在城市水务行业，由于各个地区水资源状况、人口规模、基础设施状况等方面的差异，不同城市的供水和污水处理成本可能存在较大差异，价格竞争可能促使一些企业以降低服务质量为代价压低成本，影响了比较竞争的有效性。此外，企业数量较少时，企业之间可能通过合谋来规避竞争，而绩效估计技术不完善也会制约标杆比较监管的实际效果。

三　城市供水服务质量监管

政府对城市公用事业实行监管的一个重要目标是维护和增进消费者的利益，而增加消费者利益要求企业所提供的产品和服务不仅价格合理，而且质量较高。在竞争性行业，市场竞争机制会促使企业自觉提高产品和服务质量，以吸引更多的消费者，扩大市场份额，从而增加企业利润。但在城市水务行业，由于在一定地区范围，只有一家或少数几家企业经营，企业拥有相当的垄断力量，而消费者也往往缺乏对不同企业产品和服务质量的比较，这使消费者处于被动接受垄断性水务企业产品和服务质量的地位。因此，为维护并不断增进消费者利益，政府对城市水务行业实行价格监管的同时，还需要对产品和服务质量实行监管。

城市水务行业实行质量监管的主要政策措施是：政府监管机构应采取定期检查、随机抽查等方式对企业的产品和服务质量进行检测、评估，并向社会公布其结果，接受公众监督，促使企业自觉提高产品和服务质量。同时，政府要根据具体城市水务行业的特点，制定质量监控标准，并制定实际质量水平与价格模型挂钩、对低质量的企业实行经济制裁等具体政策措施。企业只有达到政府规定的质量水平，才能按正常价格收费，否则就必须降低价格。

城市水务服务质量监管的主要手段是建立科学系统的服务质量指标体系，依据城市供水质量指标体系对供水企业进行定期的评价考核。根据国际经验和国内的情况，供水服务质量指标体系一般包括服务覆盖面积指标、用户供水指标、供水压力与供水连续性指标、供水水质指标、服务连接点和水表安装维修指标、客户投诉指标，具体的二级指标见表3-4。

表3-4　　　　城市水务服务质量评价指标

服务覆盖面积指标
QS1 表示居民与商业用户覆盖率（%）：现有居民家庭及商业机构与公共供水管网的连接百分比
QS2 表示建筑物服务覆盖率（%）：现有建筑与公共供水管网的连接百分比
QS3 表示服务人口覆盖率（%）：企业服务人口所占企业服务区域内总人口百分比
QS4 表示直供人口覆盖率（%）：通过服务连接接受服务的居民人口占企业服务区域内总人口百分比
QS5 表示公共水龙头或水塔取水人口覆盖率（%）：通过公共水龙头及管体式水塔接受供水服务人口占企业服务区域内总人口百分比
用户供水指标
QS6 表示正常运行的供水点（%）：正常运行的供水点占全部供水点的百分比
QS7 表示供水点到住户的平均距离（公里）：供水点到其供水区域内居民房屋的平均距离
QS8 表示公共水龙头供水人均用水量［供水量/（人·天）］：日均通过公共水龙头供水水量与供水区域内人口比重
QS9 表示每个公共水龙头或水塔供水平均服务人口（人/个）：平均每个公共水龙头或管式水塔供水人口数
供水压力与供水连续性指标
QS10 表示水压保证率（%）：供水点（一种服务连接的方式）能够达到或可能达到足够供水水压的百分比
QS11 表示批量供水保证率（%）：在任意时刻，能够按照既定流量、流速和水压供水的供水点所占百分比
QS12 表示供水连续性（%）：间歇供水情况下，平均系统加压时间所占百分比，以小时计算
QS13 表示供水中断率（%）：人均供水服务中断的时间所占供水时间的百分比，以小时计算
QS14 表示单位连接点供水中断次数［次/（1000 连接点·年）］：每1000个服务连接点每年受到供水中断影响的次数
QS15 表示批量供水中断率［次/（供水点·年）］：平均每个供水点每年受到供水中断干扰的次数

续表

供水压力与供水连续性指标
QS16 表示受供水限制的人口比率（%）：服务人口遭受供水受限影响的平均时间所占百分比（以小时计算）
QS17 表示供水受限制比率（%）：供水服务受限日所占的百分比
供水水质指标
QS18 表示供水水质合格率（%）：处理后水达到相关行业标准的检测次数占总检测次数百分比
QS19 表示感官性状检测合格率（%）：处理后水感官指标达到相关行业标准的检测次数占总检测次数百分比
QS20 表示微生物检测合格率（%）：处理后水微生物指标达到相关行业标准的检测次数占总检测次数百分比
QS21 表示物理化学检测合格率（%）：处理后水物化指标达到相关行业标准的检测次数占总检测次数百分比
QS22 表示放射性检测合格率（%）：处理后水放射性指标达到相关行业标准的检测次数占总检测次数百分比
服务连接点和水表安装维修指标
QS23 表示新装连接点时间（天）：对于管网已覆盖区域从客户提出安装需求到客户连接点安装完成通水所需平均时间
QS24 表示用户装表时间（天）：从用户提出安装需求到水表成功安装且通水所需平均时间
QS25 表示连接点修复时间（天）：修复服务连接点平均时间
客户投诉指标
QS26 表示单位连接点平均投诉次数［次/（1000 连接点·年）］：平均每年每 1000 个服务连接点受到投诉的次数。此指标适用于输配水管网系统
QS27 表示单位客户的投诉次数［次/（用户·年）］：平均每年每个客户的投诉次数。此指标适用于集中供水和服务连接点密度较低的系统
QS28 表示水压投诉率（%）：关于水压方面的投诉所占总投诉次数百分比
QS29 表示供水连续性投诉率（%）：关于供水连续性方面的投诉所占总投诉次数百分比
QS30 表示水质投诉率（%）：关于水质方面的投诉所占总投诉次数百分比
QS31 表示供水中断投诉率（%）：关于供水中断方面的投诉所占总投诉次数百分比
QS32 表示账单投诉与咨询［次/（用户·年）］：平均每个客户每年对账单进行投诉或咨询次数
QS33 表示其他投诉与咨询［次/（用户·年）］：平均每个客户每年对除上述方面以外的问题进行投诉或咨询次数
QS34 表示对书面投诉的回复率（%）：在既定时间内对书面投诉的回复所占百分比

四 城市水务行业的“合约监管”

随着城市水务行业市场化改革进程的不断推进，中国城市水务行业原有的国有企业垄断经营局面逐步被打破，投资主体和运营主体的多元化趋势日益明显，尤其是近年来国家大力推进城市水务行业的PPP改革，更是明显加快了这一进程。在此背景下，需要政府监管机构改变传统的对国有水务企业的行政性监管方式，实行有效的“合约监管”模式。

合约监管模式也称为“通过合约的监管”，它是指政府监管机构在委托授权私人主体经营城市水务的过程中，通过事前与私人经营主体签订合约对定价机制、服务质量、经营风险分担、运营绩效目标等问题做出规定，从而明确运营企业的责任和保证其经营收益的相对稳定，实现城市水务监管目标的一种监管方式。合约监管模式在法国、英国、美国、印度、拉美等国家和地区的城市水务监管中都得到广泛应用。从这些国家的实践经验来看，合约监管模式的成功应用需要具备如下几个条件：一是合约监管的应用对象是城市水务行业的私人运营主体，合约监管不适用于政府所有的公用事业企业。二是合约监管都需要政府监管部门在事前制定明确详细的监管合约，合约设计的有效性决定了合约监管绩效的高低，因此各国都通过国家层面的行政立法颁布格式化的监管合约，具体条款由政府监管机构和私人运营主体通过谈判确定。三是具有有效的合同争议解决机制，可以通过行政上诉与裁决、第三方仲裁、司法裁定等多种方式来妥善解决合同实施中不确定因素带来的利益纠纷。四是合约监管对政府的承诺能力和监管机构的独立性要求较高。监管合约实际上是一种政治合约，政府要具有合约承诺可信性，不能任意改变合约承诺，同时也要对投资回报、供给义务等做出明确的规定。

监管合约关键要明确四个问题：第一，建立以绩效为基础的定价机制和调价机制，一般需要给出明确的定价公式，明确如何计算成本，规定价格调整周期和特殊情况下的价格调整问题。第二，明确经营风险的分担，合理的风险分担是影响投资方投资积极性和稳定供应的基础，合约需要明确成本如何分担、亏损如何补偿以及企业的供给义务。第三，明确私人运营主体的投资回报和供给义务，通过合约为私人主体投资和运营提供稳定的预期，同时通过合约明确其供给义务和信息披露义务等，以维护消费者的利益。第四，建立客观全面和可衡量的运营绩效评价体系，对私人运营主体的运营绩效进行评价和监督，并据此进行奖惩。

五 城市水务智慧监管

城市水务监管信息化是体现城市水务监管现代化水平的重要标志，不仅有助于提高企业运营和政府监管的效率，同时也是提高监管有效性的重要技术手段支撑。智慧水务监管主要是基于“互联网+”、信息通信技术、大数据集成分析技术，实现对城市水务的全流程、全系统和包含所有利益相关者的监管体系。面对现代数据技术和信息技术的发展，应以政府监管信息化推动市场监管现代化，充分运用大数据等新一代信息技术，增强大数据运用能力，实现“互联网+”背景下的监管创新，降低监管成本，提高监管效率，增强市场监管的智慧化、精准化水平。

城市水务智慧监管需要以智慧水务系统为基础。智慧水务网络系统是一个包含产品、工艺、销售、服务、管理、监督的一体化的系统，它通过传感器、数据挖掘和信息通信技术来使公用企业和监管部门及时和持续地对水务运营活动进行决策制定、监督和诊断系统运行、及时发现问题，进行有效的管理和维护，并基于大数据的发掘来优化整个水务系统。“智慧生产”是智慧水务的核心，通过智慧水务生产信息平台，服务供水生产，实现对水的整个生产过程全程监控，充分保障水量、水质、水压要求，确保水的生产的安全、经济、合理。智慧生产信息平台将各个分厂的监控设备、监控数据、检测数据整合在互联网上，用户可以通过互联网实施数据调用、存储、分析，通过远程控制实施对远程设备的检查、管理，实现供水生产的自动化、水质水量监测的现代化、信息资源共享化、管理决策智能化，增加供水生产调控能力、提高水资源利用效率和供水生产系统的应急响应能力，使水务企业达到最优化运营，为水务企业生产运行控制、安全生产保障、生产优化调度、生产计划制订、生产成本分析等运营管理业务决策提供基础、可靠、有力的支撑。

智慧水务监管系统的主要内容包括水监控网、水务数据中心、水务服务平台、监管业务系统和公众信息服务系统，建设目标主要是实现水务管理的管理对象数字化、传输网络化和服务与决策支持智能化。具体包括：

（1）水监控网。建设覆盖水文、水质等的自动监测系统，并根据物联网技术标准，适时改造为符合物联网规范的智能监控网络系统。

（2）水务数据中心。数据中心建设包括基本运行环境建设、信息资源建设、信息服务和发布系统建设与数据交换和安全管理系统建设。在数据中心建设中，运用云计算技术建设水务数据平台，使用高度虚拟化的计算、存储和网络功能组合，向水务系统用户提供高效、灵活性的基础设施及服务功能。

（3）水服务平台。面向服务的集成平台整合涉水业务管理系统及外部公共资源，通过建设面向服务的集成架构，支持将业务作为链接服务或可重复业务任务进行集成，并可在需要时通过网络访问这些服务和任务。面向服务的集成平台将使水务部门、相关单位之间达成数据共享和应用整合。

（4）监管业务系统。系统由以下子系统组成：一是基础水务信息资源查询系统，提供涉水法律法规、工程设计、供排水企业运行等监管信息；二是预警与应急管理系统，为供水安全提供监测、预警、预报、评估及联动指挥技术支持；三是实时监测系统，对源水、地下水、饮用水、中水、污水资源进行实时监测，对水质进行实时监测、预警、预报及评估；四是政府监管管理系统，对市场准入、价格监管、服务质量等市场监管行政事务提供全过程支持。

（5）公众信息服务系统。公众信息服务系统主要是实现监管信息公开、消费者投诉提供处理、在线办事等功能。

第四章　城市水务行业价格监管

水价监管是城市水务行业政府监管的重要内容，水价监管体制的科学设计很大程度上决定了城市水务监管的有效性。水价监管是中央及地方物价管理部门对供水价格、污水处理费、水资源费等价格和费用标准的制定、调整、征收及使用进行的监督和管理。水价之所以需要政府监管，主要原因在于：一是城市水务行业特别是供水行业具有显著的自然垄断性质。一个城市或地区的供水管网和排水系统使用生命周期较长，具有很强的资产专用性，沉淀成本高，建设和维护需要投入大量资本。巨大的固定资产投资要求决定了水务行业很难进行充分有效的竞争，这就要求政府对水价实行管制，防止企业利用其垄断地位，通过制定垄断高价以获取垄断利润。二是水资源的稀缺性。水是维持生命存续最重要的自然资源，也是必不可少的经济商品。然而，水资源是一种稀缺品，可利用的水资源在时间和空间上的分布不均衡更加剧了水的稀缺性。这要求政府对水价标准和结构进行监管，促进价格反映资源稀缺和环境保护，在保障公民的基本饮用水权利的同时，促进水资源的最优利用和有效保护。

水价监管是城市水务行业政府监管的重要内容。水务行业是一个城市的基础性产业，水务行业发展健康与否会对一个城市经济社会的发展产生重要影响。向用户征收水资源费是水务企业实现成本回收和获取投资回报的最主要渠道，对供排水企业而言，水价标准的高低决定了企业能否实现成本回收以及经营利润水平的高低，进而影响到行业的长期可持续发展。然而，由于城市水务行业具有的区域垄断性特征和信息不对称，追逐利润最大化的水务企业有激励通过高价格而非提高效率来谋取更高的利润，由此过高的水价将导致居民承担沉重的生活成本并影响到居民的生活质量。因此，如何平衡效率、公平和环保这三个目标成为水价监管的重要难题。

中国长期以来实行计划供水体制，过于强调水的福利性而忽视水的商品属性，城市水务行业发展缓慢，跟不上城市经济社会发展的步伐，供需矛盾日益突出。在此背景下，各地从20世纪90年代末开始推进市场化导向的水价改革，但是，由于各种经济社会因素的限制，水价改革一直进展缓慢，市场化价格机制尚未充分形成，迫切需要建立更科学有效的水价机制和监管体系。

第一节　城市水价监管的目标与方法

一　水价制定目标

水价制定的目标和原则是水价改革过程中水价政策制定、实施、评估和调整的基准。水价问题牵涉水务企业、居民的切身利益，合理、科学的水价标准以及相应的水价政策应该能对各方利益诉求予以回应和平衡，并且能够促进资源合理利用，促进地区经济社会的可持续发展。水价制定的目标通常包括以下几点：

（一）供水系统财务可维持

只有在经营和投资收益得到稳定、充分和可预期的保障，企业或投资方具有财务可持续性的情况下，企业才有能力和动力继续投资于水资源开发，水务行业才能得到持续健康发展。供水企业的财务来源往往具有多样化，如消费者付费、政府财政投入、税收或转移支付等，其中，通过收费来实现成本回收是实现供水企业财务可持续的主要途径。成本回收原则是指政府监管应保证企业通过用户付费和政府补贴等方式，获得足以维持企业正常运营的收入和合理利润的权利。随着城市水务行业市场化改革的推进，用户付费成为水务企业收入的主要来源。因此，按照成本回收原则，水价应该充分体现水服务的成本，能够随着成本变动而及时调整，有效平衡价格结构中的固定收费和变动收费。

（二）城市供水和用水的效率性

经济效率原则是指水价政策应充分发挥价格杠杆作用，将相对有限的水资源在不同的社会主体之间进行合理的分配，以实现水资源的社会配置效率最大化。水资源作为一种稀缺的资源，其最优的配置应该遵循边际收益等于边际成本的原则。同时，水对不同的社会主体而言具有不同的功能和价值，对居民而言，水是满足基本生活需要的必需品；而对企业来说，水可能是生产过程中的原材料或中间品。因此，经济效率原则要求对不同的经济主体实行有差别的水价，不同用户的水价应该反映供水的边际成本差异。

（三）保障社会公平

社会公平原则主要是指水价政策应该在使所有人都有能力承担支付生活必需的用水支出的前提下，坚持支付能力原则和用户付费原则。水是生活必需品，安全卫生的饮用水是居民生命安全和健康的基本保障，每个公民都平等地享有获得安全卫生的饮用水权利，政府监管部门有义务保障这种权利。社会公平原则要求在水价改革中要充分考虑用户的支付能力和支付意愿，对具有不同支付能力和支付意愿的用户进行区别对待，在实施“使用者付费”的同时保证低收入群体的可支付能力。因为水需求具有较低的价格弹性，水价上调会增加居民的生活成本，特别是对支付能力有限的低收入群体来说，水价上调有可能导致生活质量的下降，甚至危及基本生活。政府监管部门可以通过对低收入群体实行特殊的水价政策，如水费减免、价格优惠等，以及调整价格结构等方式维护社会公平。

（四）促进可持续发展

可持续发展原则（或资源节约原则）是指水价政策应有助于促进水资源的可持续利用和生态环境的保护。具体来说，水价政策应致力于保护水环境，鼓励居民节约用水，提高水资源重复利用率，减少单位产值的耗水量，以实现社会、经济、环境的可持续发展。[①] 科学合理的水价是促进节约用水、减少水资源浪费的重要手段。水是一种日

① 王浩、阮本清等：《面向可持续发展的水价理论与实践》，科学出版社2003年版。

益稀缺的资源，水资源的过度开发利用会对生态环境造成破坏，污水排放则会污染河流、湖泊，导致水质下降。可持续发展原则要求水价不仅反映供水成本和水资源成本，还应包括水资源开发利用产生的环境成本和机会成本，实行全成本定价，以激励有效用水和促进水质保护。在具体的政策设计中，环境可持续的水价包括两部制水价、差别水价、递增阶梯水价等形式。

二　城市水价制定方法

（一）基于成本的定价方法

经济学上的成本概念包括边际成本、平均成本、机会成本等，而在实际的水价制定中，成本也可以分为生产成本、环境成本等，不同的水价理论和定价方法使用的成本概念存在差异。目前，理论上说，成本定价方法主要包括边际成本定价、平均成本定价、完全成本定价等。

水资源的高效配置要求采用长期边际成本定价法，即使价格和边际成本挂钩，偏离边际成本的定价会影响资源的配置效率。但是，边际成本定价法的应用受到一些因素的制约，在各国实践当中完全应用的并不多，目前只有澳大利亚将长期边际成本作为制定水价的重要原则，意大利和墨西哥仅将该指导原则运用到对工业用户的水价制定中。影响长期边际成本定价原则应用的主要制约因素是：首先，当企业规模经济未能充分发挥时，边际成本随着产量的增加而递减，边际成本低于平均成本，实行边际成本定价将造成企业亏损。其次，当水资源生产和供应边际成本过高时，实行边际成本定价的水价可能会超过城市居民可承受能力，特别是对低收入群体的基本生活构成威胁，对低收入群体的支付能力和支付意愿的关注同样限制了边际成本定价法的应用。最后，如何测算边际成本，以及用长期还是短期边际成本作为定价标准是应用边际成本定价法需要解决的实际问题。由于城市水务行业往往不是一个充分竞争的市场，如何实现基于边际成本的效率定价面临很多困难，对于政府监管机构来说，如何获取准确的企业供水边际成本、机会成本等信息是非常难的。因此，边际成本定价更多的是一种制定价格的理念和最优参照标准。

面对水务行业普遍存在的价格低于成本的现象，2000 年世界水委员会强烈推荐各国完全采用完全成本水价，指出“当前最重要和最迫切的是系统实施完全成本水价”。完全成本定价中的成本不仅包括生产的财务成本，还包括生产者所使用的生产要素在其他可能情况下获取的最大收益损失，以及水资源开发利用给他人和环境带来的损失。因为自然资源的价格是由边际成本来决定的，完全成本定价确切地说是边际机会成本定价。根据罗杰斯等（Rogers et al.，1998）对完全成本的定义，完全成本 = 运营维护成本 + 资本成本 + 机会成本 + 经济外部性 + 环境外部性，即水价要综合反映供水的生产成本、经济成本、机会成本和环境外部性成本。丹麦自 1992 年起开始进行基于全成本覆盖的水价改革，该项改革引起水价的持续上涨，1993—2004 年，真实水价（含环境税）上涨了 54%，价格上涨使用水量出现明显下降，每人每天用水量由原来的 155 升下降为 125 升，成为整个欧洲人均用水量最低的国家。

（二）单一结构水价与两部制水价

单一结构水价也称为一部制水价，用户每个月支付的水费依据单一的要素来确定。单一结构水价最主要的方式是固定水价（见图 4 - 1），对于没有实行分户计量的家庭，对所有用户征收的水费是相同的，单个家庭支付的水费高低与家庭月用水量无关。当然，为了体现公平性，一些国家在实践中还对用户进行细分，如工业用户和居民用户就实行不同的固定水价政策。固定水价的优点是如果设计科学可以保证回收成本，但是其最大的问题是，由于水费与用水量无关，因此消费者不存在节约用水的激励，不利于水资源节约，同时所有家庭统一的固定收费具有明显的不公平性，并且统一的水价政策也不利于政府调整水价的改革推进。

两部制水价包含两部分，反映固定成本回收的固定收费和反映用水量的计量收费。在两部制水价中，固定收费部分依据固定成本回收来制定，计量收费部分的单位水价通常按边际供水成本或平均供水成本来制定。两部制水价可以很好地实现定价的成本回收目标和经济效率目标。

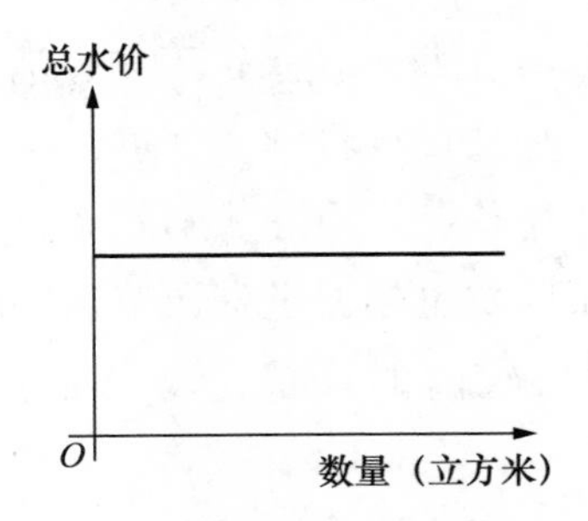

图4－1　固定水价

（三）计量水价

计量水价根据消费者的用水量来确定其应支付的水价。计量水价又分为统一计量水价（见图4－2）、线性递增水价（见图4－3）和阶梯水价（非线性）（见图4－4）三种类型。

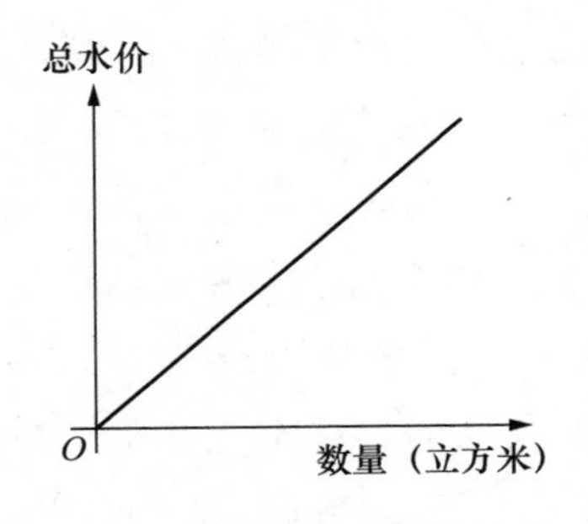

图4－2　统一计量水价

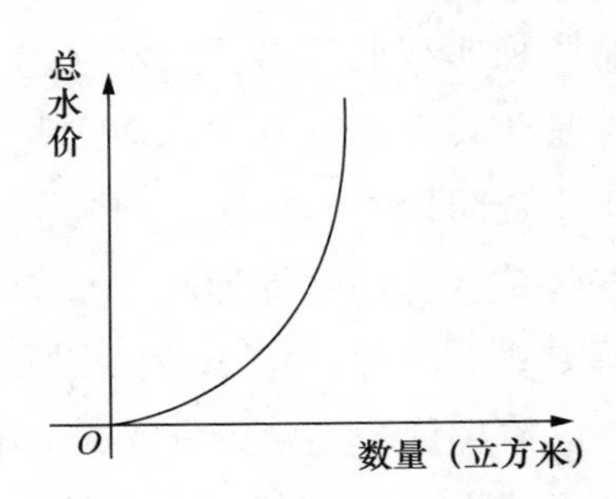

图4－3　线性递增水价

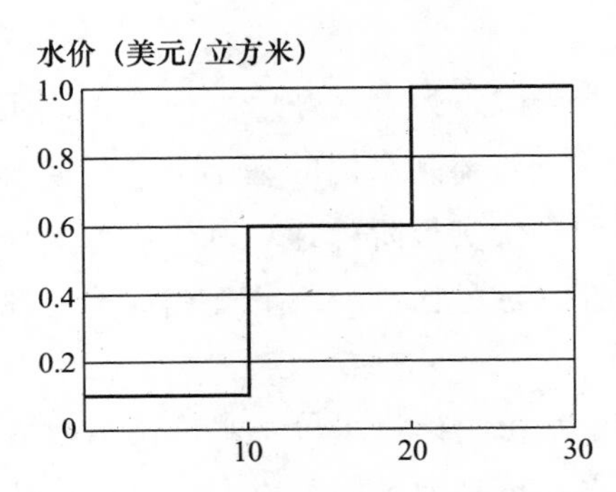

图4－4　阶梯水价

（1）统一计量水价就是每单位水价不变，消费者支付的水费等于用水量乘以单位水价。如果设计科学，其可以实现成本补偿并带来较高的收入。同时，由于单价接近边际成本效率也较高，消费者因需使用也体现了公平，计量收费也会促进资源节约，但是，缺点是其对监管机构定价的能力提出较高的要求，政府监管的复杂性和难度都较高。

（2）线性递增水价是消费者支付的单位水费随用水量的增加而增加。包括多种形式，如简单的线性增加、可回溯的单位水价增加（不仅新增的用水量单位水费提高，而且原来用水量的单位水费也提高）等。线性递增水价最大的优势是促进资源节约，其存在的问题是可能会造成用水量大的用户支付的单位水价过于背离边际成本。线性递增水费在实际应用中并不多见。

（3）阶梯水价是将消费者的用水量划分为不同的阶梯，在低用水量阶梯实行低价格，用水量越高的阶梯，其单位水价则越高。阶梯水费是非线性定价方式，在实践中有阶梯递增和阶梯递减两种方式，由于水资源短缺，目前，国际上越来越多的国家采用阶梯递增定价，一些传统上采用阶梯递减水价的国家也放弃了这种不利于资源节约的定价方式。阶梯递增水价可以很好地平衡效率、公平和资源节约的目标。阶梯递增定价的缺点是，它会增加企业收入的不稳定性，小用户节水意识不强，如果设计科学，其可以通过交叉补贴促进公平，但是，其有效性受到阶梯设置、不同阶梯间价差等因素的影响而具有较高的设计复杂性。

在各国水价实践当中，为了更好地平衡水价制定的多元目标，往往实行复合水价，如在两部制水价的基础上实行阶梯递增水价，即对两部制水价中的计量水价实行阶梯递增水价。或者将两部制定价、阶梯递增定价和季节性（或地区性）差别定价结合起来。复合水价的结构可以表示为：

水价 = 统一固定水价 + 计量水价 + 水价调整因素 + 其他费用

在公式中，固定水价是为了回收成本，对所有用户实行相同的统一征收标准；计量水价主要是实行阶梯递增水价；水价调整因素主要是考虑家庭收入状况、家庭规模、用户类型、季节因素、地区因素等来对水价进行调整。

第二节　中国城市水务价格监管体制演变

一　城市水务价格监管体制的演变

在长期的计划体制下，政府实行福利性供水，城市水务行业并没有明确的价格机制。改革开放以来，城市水务行业开始进行市场化改革，城市水价政策也相应进行了调整，城市水价政策改革大致可以划分为三个时期：

（一）城市供水收费商品化改革时期（1985—1997 年）

1985 年国务院出台的《水利工程水费核定、计收和管理办法》提出，“水费标准应在核算供水成本的基础上，根据国家经济政策和当地水资源状况，对各类用水分别核定”。该办法从理论上承认了供水作为一种有偿服务行为，即供水具有商品属性，标志着中国城市供水价格进入按成本计收的新阶段。1988 年《中华人民共和国水法》规定，“使用供水工程供应的水，应当按照规定向供水单位缴纳水费”，确认了使用水资源付费的原则。1994 年国务院颁布的《城市供水条例》提出，“城市供水价格应当按照生活用水保本微利、生产和经营用水合理计价的原则制定”，明确提出城市水价的保本微利原则。这一时期，中国平均水价水平有了大幅度提高，1996 年全国水费收入达 41 亿元，是 1985 年全国水费收入的 7 倍多，11 年间水费收入平均每年递增 20%。但是，1997 年水价水平仍未达到合理补偿供水成本的水平，城市水务企业供水成本回收率仅为 30.6%。[①] 由于信息不对称，保本微利的政策有可能激发企业虚报成本的激励，从而在一定程度上推高城市水价。

---

① 王浩、阮本清等：《面向可持续发展的水价理论与实践》，科学出版社 2003 年版。

（二）城市供水市场化定价规范时期（1998—2002 年）

1998 年，原国家计委、建设部联合颁布了《城市供水价格管理办法》，该办法奠定了现行城市供水价格体制。该办法明确规定城市供水价格由供水成本、费用、税金和利润四部分构成，城市供水价格的制定应遵循“补偿成本、合理收益、节约用水、公平负担”的原则。实行容量水价和计量水价相结合的两部制水价或阶梯式计量水价是城市供水价格改革的重点。1999 年两部委联合出台了《关于贯彻城市供水价格管理办法有关问题的通知》，选取一批城市进行居民生活用水实行阶梯水价和非居民生活用水实行两部制水价的试点工作。2000 年，国务院《关于加强城市供水节水和水污染防治工作的通知》明确提出“逐步提高水价是节约用水的最有效措施”，“要加快城市水价改革步伐，尽快理顺供水价格，逐步建立激励节约用水的科学、完善的水价机制”。同时，“要提高地下水资源费征收标准，控制地下水开采量”，在水价调整时，“要优先将污水处理费的征收标准调整到保本微利的水平”。这一时期，全国 35 个大中型城市的平均水价从 0.14 元/立方米上涨到 1.26 元/立方米，上涨超过 7 倍。同时，城市供水定价基本得到规范，污水处理费纳入到水价体系中来，标志着水价政策在提高水资源利用效率、保护生态环境方面的作用开始受到重视，城市综合水价结构基本形成。

（三）城市水务价格进一步完善时期（2002 年至今）

2004 年，国务院办公厅《关于推进水价改革　促进节约用水　保护水资源的通知》指出，水价改革的目标是建立充分体现中国水资源紧缺状况，以节水和合理配置水资源、提高用水效率、促进水资源可持续利用为核心的水价机制。水价改革要坚持调整水价与理顺水价结构相结合，水价制定与供水设施建设相结合，合理利用水资源与防治水污染相结合，供水单位良性发展与节水设施建设相结合，水价形成机制改革与供水单位经营管理体制改革相结合等原则。2009 年，国家发展改革委、住房和城乡建设部联合出台了《关于做好城市供水价格管理工作有关问题的通知》，针对各地水价改革过程中出现的水价调整程序不规范、成本不透明、宣传解释工作不充分等问题予以规范。为进一步规范城市供水价格调整和供水定价成本监审行为，提高政府制定城市供水价格的科学性和透明度，国家发改委在2010年出台了《城市供水定价成本监审办法（试行）》和《关于做好城市供水价格调整成本公开试点工作的指导意见》，规定水价调整之前必须进行成本监审工作。2013年，《关于水资源费征收标准有关问题的通知》明确水资源费征收标准制定原则，规范水资源费标准分类，合理确定水资源费征收标准调整目标等。

2002年，国家计委、财政部等五部委联合出台了《关于进一步推进城市供水价格改革工作的通知》，要求进一步推进城市供水价格改革，通过改革，建立以节约用水为核心的合理的水价形成机制，并要求各省辖市以上城市须在2003年年底前实行阶梯水价，其他城市则在2005年年底之前实行阶梯水价。但是，这一政策并未得到有效执行，仅有少数城市实行了阶梯水价。2013年12月，国家发改委、住建部联合下发了《关于加快建立完善城镇居民用水阶梯价格制度的指导意见》（以下简称《指导意见》）明确要求2015年年底前所有设市城市原则上要全面实行居民阶梯水价制度。根据《指导意见》，水价阶梯设置应不少于三级，第一级水量标准覆盖人群必须达到80%，第二级水量原则上覆盖95%居民家庭，一、二、三级阶梯水价按不低于1∶1.5∶3的比例安排。目前国内各个城市实施的阶梯水价都是严格按照国家的规定执行，如杭州市2015年开始实施的阶梯水价，是以“一户一表、抄表到户”的居民户为单位，以年度水量为计量周期，一、二、三级阶梯水量分别为216（含）立方米（月18立方米）以下、216—300（含）立方米、300立方米（月25立方米）以上；阶梯价格分别为每立方米1.90元、2.85元、5.70元。

2014年12月，国家财政部、发展改革委和住房城乡建设部联合组织印发了《污水处理费征收使用管理办法》（以下简称《管理办法》），具体明确以下几点：第一，明确“污染者付费”原则，由排水单位和个人缴纳并专项用于城镇污水处理设施建设、运行和污泥处理处置的资金。第二，明确污水处理费属于政府非税收入，全额上缴地方国库，纳入地方政府性基金预算管理，实行专款专用。第三，明

表4-1　　中国城市水价改革的主要法规政策

	政策文件	年份	主要内容
第一阶段	《中华人民共和国水污染防治法》	1984	征收排污费
	《水利工程水费核定、计收和管理办法》（2003年废止）	1985	水费标准应在核算供水成本的基础上，根据国家经济政策和当地水资源状况，对各类用水分别核定
	《中华人民共和国水法》	1988	使用供水工程供应的水，应当按照规定向供水单位缴纳水费
	《城市供水条例》	1994	城市供水价格应当按照生活用水保本微利、生产和经营用水合理计价的原则制定
第二阶段	《城市供水价格管理办法》	1998	城市供水价格由供水成本、费用、税金和利润四部分构成；价格制定应遵循"补偿成本、合理收益、节约用水、公平负担"原则；提出城市供水将逐步实行两部制水价或阶梯水价
	《关于贯彻城市供水价格管理办法有关问题的通知》	1999	选取一批城市进行居民生活用水实行阶梯水价和非居民生活用水实行两部制水价试点
	《关于加强城市供水节水和水污染防治工作的通知》	2000	提出逐步提高水价是节约用水的最有效措施；加快城市水价改革步伐；提高地下水资源费征收标准，控制地下水开采量
第三阶段	《关于进一步推进城市供水价格改革工作的通知》	2002	进一步推进城市供水价格改革，加快实行阶梯水价
	《排污费征收使用管理条例》《排污费征收标准管理办法》	2003	直接向环境排放污染物的单位应缴纳排污费，并按照排放污染物的种类、数量计征
	《关于推进水价改革　促进节约用水　保护水资源的通知》	2004	水价改革目标是建立以节约用水和合理配置水资源、提高用水效率、促进水资源可持续利用为核心的水价机制；水价改革应坚持调整水价和理顺水价结构相结合、合理利用水资源与防治水污染相结合等五个原则

续表

	政策文件	年份	主要内容
第三阶段	《取水许可和水资源费征收管理条例》	2006	为促进水资源的节约和合理开发利用，对超额取水征收水资源费
	《关于做好城市供水价格管理工作有关问题的通知》	2009	规范水价调整程序
	《城市供水定价成本监审办法（试行）》《关于做好城市供水价格调整成本试点工作的指导意见》	2010	规范城市供水价格调整和供水定价成本监审行为，提高价格制定的科学性和透明度
	《关于水资源费征收标准有关问题的通知》	2013	明确水资源费征收标准制定原则，规范水资源费标准分类，合理确定水资源费征收标准调整目标等
	《关于加快建立完善城镇居民用水阶梯价格制度的指导意见》	2013	加快建立和完善城镇居民用水阶梯价格制度
	《污水处理费征收使用管理办法》	2014	明确排污费征收原则、征收标准、征收办法、管理办法等

确污水处理费按用水量征收，即按缴纳义务人的用水量计征。第四，明确污水处理费征收标准和征收时间。《管理办法》规定，污水处理费的征收标准，按照覆盖污水处理设施正常运营和污泥处理处置成本并合理盈利的原则制定。污水处理费一般应当按月征收，并全额上缴地方国库。

从20世纪80年代初开始的城市水价改革，使中国城市供水价格的商品化和市场化程度越来越高，水价扭曲程度明显下降。但是，总体来说，中国城市水价改革仍明显滞后，这主要是因为水价改革具有较大的社会敏感性，现实政治因素对改革进程造成较大影响。在中国目前的监管体制下，国家发展改革委负责基本价格政策及国家价格的制定，各省级政府价格主管部门、县级及县级以上政府价格管理部门负责辖区内的价格监管。政府官员承担着保持物价基本稳定、促进地方经济发展和维护社会稳定等多项职责。水价上调一方面带来物价上涨的压力，引起居民生活成本的增加；另一方面用水企业的生产成本也会上升，进而可能对本地区的经济增长产生不利影响。为了维护社会稳定和保证经济增长，国家物价主管部门和地方政府都缺乏快速推进改革的动力。

二　城市水务行业价格形成机制与政府监管存在的问题

城市水价改革远未完成，现行的水价体系和水价形成机制中仍存在诸多问题和缺陷亟待完善，具体来说：

（一）价格与成本倒挂长期存在

在城市水务市场化改革过程中，水务企业的独立市场主体地位逐步得到明确，水务企业具有了明确的利润目标追求，随着政企分开改革，政府投入逐步减少，企业要逐步实现通过向用户收费来合理补偿成本。然而，由于水价市场化改革严重滞后，长期实行的低水价管制政策造成价格成本倒挂问题持续存在。

第一，价格调整严重滞后于供水成本的上升，价格与成本倒挂现象突出。根据中国城镇供水排水协会的统计数据测算的2008—2012年全国36个重点大中城市供水价格和成本变动状况如图4－5所示。2008—2012年，36个城市的单位供水价格、供水成本和单位售水成本基本都呈上升趋势，单位售水成本基本与单位供水成本同步变动，但是供水价格的涨幅明显滞后于供水成本的变动。2008—2009年，供水价格稍高于单位供水成本，而2011年后供水成本的提高导致成本超过供水价格。2012年全国36个重点城市的居民用水供水价格分布如图4－6所示，绝大部分城市居民用水供水价格在1—3元/吨的范围内，23个城市供水价格在1—1.99元/吨，占64%；10个城市供水价格在2—2.99元/吨，占28%，武汉、海口和拉萨低于1元/吨。按照2012年城市居民生活用水量加权平均可得，2012年36个重点大中城市的平均供水价格为1.69元/吨，低于供水成本。

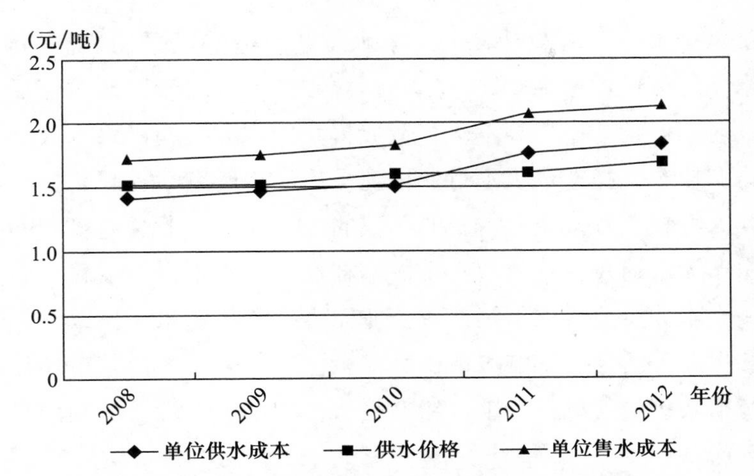

图 4－5　2008—2012 年全国 36 个重点城市供水成本和价格变动

资料来源：成本数据根据 2009—2013 年《城市供水统计年鉴》计算整理得到，部分城市部分年份成本数据有缺失。其中，单位供水成本＝单位售水成本×（1－管网漏损率）。

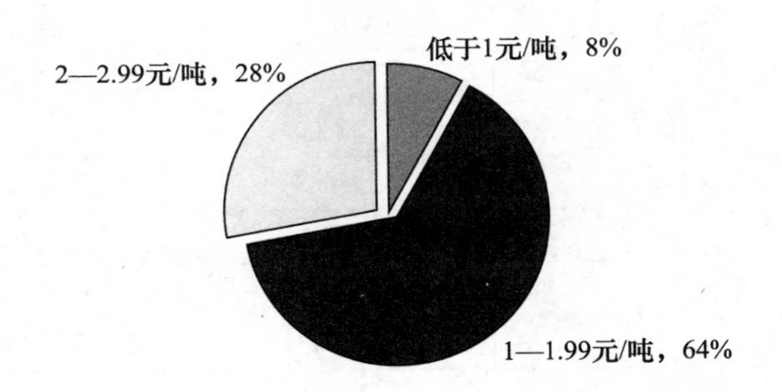

图 4－6　2012 年全国 36 个重点城市居民用水供水价格分布

第二，价格成本倒挂严重影响城市水务行业的健康发展。城市供水价格调整缓慢的同时，由于水源污染加重和水质标准提升导致供水企业供水成本上升。住房和城乡建设部城市供水水质监测中心对 36 个大中城市连续八年的检测结果表明：地表水源达到Ⅱ类水体标准的比例由 2002 年的 24. 8% 下降到 2009 年的 8. 6% 。而与此同时，国家新的《生活饮用水卫生标准》从 2012 年 7 月 1 日开始实施，水质标准从 35 项增加到 106 项。水源水质持续恶化和供水水质标准提高，造成现有水厂的工艺升级改造等建设费用和运行费用增加。根据中国城镇供水排水协会的统计，水厂净水工艺改造费用平均约需 500 元/立方米，运行成本增加 0. 2—0. 3 元/立方米。供水管网建设滞后，维护不及时，产销差率居高不下，造成售水成本大大超出供水成本。供水价格和成本倒挂造成供水行业出现亏损。2013 年，全国供水企业中有 370 家亏损，亏损企业占企业总数的 54. 5%，亏损额达到 53. 67 亿元。由于无法通过用户收费实现成本补偿，企业不得不依赖有限的政府补贴，水务企业收入不足造成企业无力投资于制水工艺改进、管网维护和更新等活动，影响城市供水安全。近年来，水价的市场化改革在逐步扭转价格与成本严重背离的趋势，城市供水行业的利润总额在持续提高（见表 4 – 2）。

表 4 – 2　　2004—2014 年规模及以上城市供水企业盈利与亏损情况

单位：个、亿元

年份	亏损企业数	亏损企业亏损总额	行业利润总额
2004	1131	21. 42	5. 09
2005	1204	32. 00	– 1. 46
2006	1164	28. 68	24. 24
2007	681	30. 90	30. 89
2008	740	47. 73	27. 07
2009	759	51. 13	25. 35
2010	698	57. 53	60. 25
2011	317	46. 69	74. 80
2012	358	53. 95	72. 55
2013	370	53. 67	104. 13
2014	383	55. 41	151. 22

资料来源：《中国统计年鉴》（2005—2015）。

（二）水价结构不合理

目前，中国城市综合水价一般主要由水资源费、供水价格、污水处理费和排污费四部分组成。根据《排污费征收使用管理条例》规定，向城市污水集中处理设施排放污水，缴纳污水处理费用的排污者不再缴纳排污费。因此，水资源费、供水价格和污水处理费是目前综合水价的三个主要组成部分。在综合水价中，不同的部分负担着不同的功能和作用。其中，水资源费主要用于弥补水资源开发利用造成的资源成本，反映水资源的经济价值；供水价格是用于弥补城市水务企业供水成本和保障企业合理收益，保证持续安全的饮用水供应；污水处理费用于水污染治理，维持污水处理企业的运营，保护社会水环境。水价内部不同收费项目的均衡和协同关系决定了水价政策的功能和作用的发挥。

第一，目前中国城市水价内部结构并不合理。2009 年，中国各类水费收入总额为 662 亿元，其中，自来水费 397 亿元、污水处理费 156 亿元、水资源费 85 亿元、排污收费 24 亿元，四项占比分别为 60%、23.6%、12.8%和 3.6%，水资源费和排污收费比重较低。36 个大中城市中，居民和工业水资源费占同城市居民和工业综合水价的平均比重分别为 4.8%和 4.7%。根据国家发展和改革委员会价格监测中心 2010 年 7 月公布的全国 119 个城市的污水处理费数据，57%的城市污水处理费没有达到国家要求的 0.8 元/吨的标准。图 4－7 和图 4－8 显示了 2008—2012 年中国 36 个重点城市的水价结构变动情况，五年间供水价格、污水处理费和水资源费等都呈上升趋势，其中

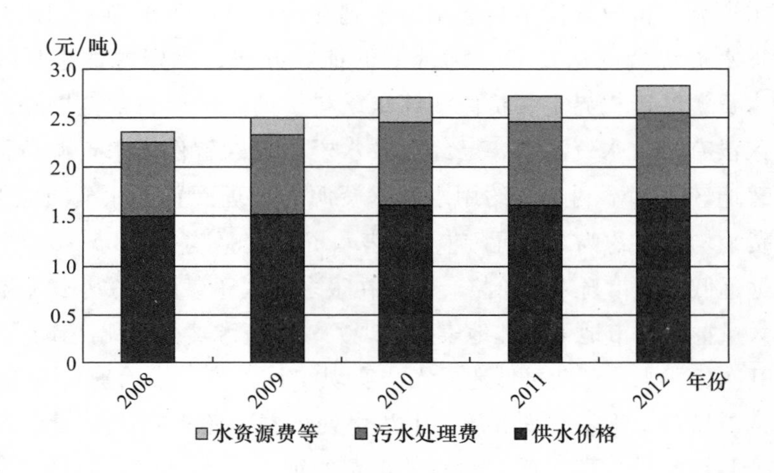

图 4－7　2008—2012 年 36 个重点城市水价结构变动情况

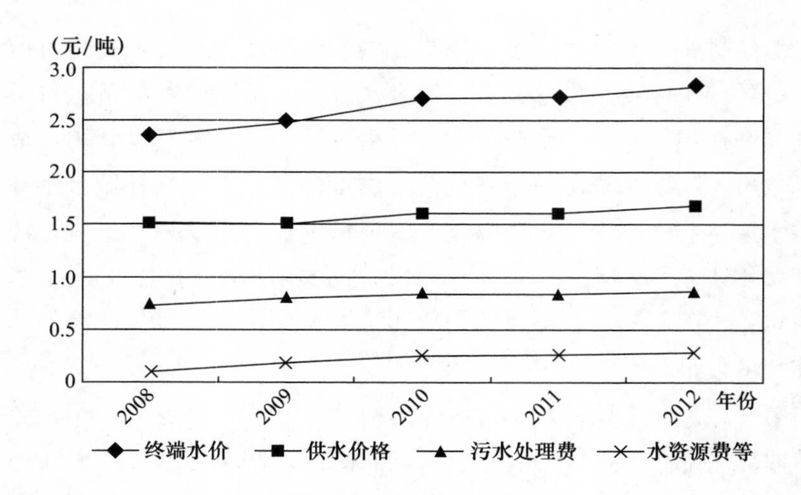

图 4－8　2008—2012 年 36 个重点城市水价结构变动情况

水资源费上涨幅度较大，但水资源费和污水处理费在水价构成中的比重总体仍较低。水资源费和污水处理费标准偏低，使城市用水造成的生态环境成本和资源成本得不到充分反映，水价政策的鼓励节约资源、提高资源利用效率、促进资源环境可持续利用的政策目标无法得到体现。

第二，水资源费和污水处理费征收不到位。首先，水资源费过低造成水资源的价值补偿不足甚至得不到补偿。目前我国尚未制定征收和管理水资源费的法规和全国统一的征收办法，水资源的性质不明确，水资源的产权界定和价值测算缺乏科学的方法。目前全国还有部分省区没有征收水资源费，已经征收水资源费的省份，水资源费征收标准普遍较低，不利于节约用水和水资源的合理配置。如全国地下水资源费平均水平约为 0.3 元/吨，地表水资源费平均为 0.06—0.09 元/吨，远远低于城市自来水价格。而且在很多地区还存在很多小工业企业直接大量抽取城市地下水和地表水的现象，水资源费征收无法做到全覆盖。其次，污水处理费过低造成无法实现“谁污染，谁治理”的要求。目前全国只有 200 多个城市开征了污水处理费，还有相当数量的城市没有征收污水处理费，而且污水处理费的征收主要是根据数量而非根据污染物浓度征收，不利于促进环保。另外，已经征收污水处理费的城市，污水处理费征收标准也较低。据测算，现行全国污水处理费收费标准只有 0.38—0.51 元/吨，而在不考虑管网建设和维护的情况下，仅污水处理厂运行成本就达 0.5—0.7 元/吨，已建的污水处理设施相当部分不能正常运转。同时，由于一些城市污水管网改造和建设相对滞后，还有一大批工业用户的污水没有纳入污水处理系统，企业借此逃避污水处理费缴纳或者工业供水企业未很好履行代征义务。

（三）水价形成机制不完善

在长期福利性供水体制下，城市供水的商品化程度仍然较低，市场化价格形成机制仍未建立起来，现有水价难以有效反映城市供水的经济价值和综合成本。目前中国对城市水价政府监管，主要出于政治社会目标，尚未根本改变福利供应体制，政府监管主要是实行低价供水，造成一定程度的价格扭曲，使水价不能反映供应成本、资源成本和环境成本，无法实现水价监管的成本回收、经济效率和资源节约的目标。

第一，“成本加成”的价格监管机制带来严重的成本低效率和成本监管难题。首先，长期以来，中国城市水价监管实行基于企业供水和污水处理成本并加上企业合理利润的“成本加成”机制，尽管近年来国家进一步明确了“合理成本加微利”的城市水务定价原则，但是，由于信息不对称，企业有激励虚报成本来获取利润。目前，中国城市供水价格制定的依据主要依靠供水企业提供的成本数据，在成本加成价格监管体制下，供水企业有激励通过虚报成本，将不合理的成本包括进来；通过多元业务来转移利润，将过高的管理费或员工福利转入成本等多种方式在账面上做大成本、做亏盈利，从而要求政府涨价或给予政策支持。低效能激励的水价监管体制无法对供水企业提高效率、降低成本形成有效激励，造成城市水务行业的低效率和加剧了地方政府的财政负担。其次，在水价成本加成监管体制下，供水成本监审成为难题。一方面，不同城市的供水企业的成本和费用因为城市规模、水资源条件、生产技术等方面的差异，其成本和费用很少具有可比性，很难通过全国或地区标准进行评价和约束。另一方面，供水企业的成本和费用会随着生产技术和社会经济状况变化而经常发生变动，增加了水务企业成本的波动性。在现行成本核算制度下，政府难以及时准确掌握企业的真实成本，政府监管难以形成有效的成本约束机制，在政企不分和政府部门被俘获的情况下，政企合谋提高水价的案例则大量出现。

第二，城市水价尚未形成科学规范的动态调整机制。由于水价调整周期长，当资源环境条件变化导致成本上升时，必须具有科学规范的价格调整机制来平衡政府、企业和消费者的利益关系。1997 年出台的《城市供水价格管理办法》建立了城市供水价格调整的基本机制，水价制定过程一般是由供水企业依据其成本费用的实际增长及亏损额、前期供水工程和供水设施开发建设贷款的本息偿还要求、近期建设投资需求等，就水价调整及其幅度向政府相关部门提出建议和申请，然后由财政、物价等部门核算，形成政府部门意见后，相关部门组织召开水价调整的听证会，听取各有关方面的专家和市民代表的意见和建议。相关部门综合考虑和权衡城市社会经济状况、企业和居民承受能力，以及调高水价可能对社会稳定造成的影响等因素，做出决策，申报省一级政府批准。在整个水价调价过程中，供水企业要和政府部门进行旷日持久的讨价还价，争取政府和居民信任和对涨价的认可。政府和居民很难充分掌握企业成本信息的真实性，双方必须就涨价与否进行博弈，价格很难跟上资源环境变化导致的成本变动。

（四）城市水价监管机构各自为政

根据《城市供水价格管理办法》《排污费征收使用管理条例》《取水许可和水资源费征收管理条例》《污水处理费征收使用管理办法》等相关法规的规定，水资源费、排污费、污水处理费、自来水费的制定和征收涉及纵向不同层级和横向不同部门，纵横交错，涉及复杂的利益关系和行政权力配置，由于体制不顺，造成难以形成统一协调的城市综合水价调整机制。从纵向来看，综合水价不同组成部门的价格制定涉及中央、省、市三级政府，排污费由国家统一制定，水资源费由省级政府制定，自来水费和污水处理费由市政府来制定。从横向来看，目前城市水价制定涉及发改委、物价、财政、水利、城建、环保等多个部门相对独立定价，不同部门之间缺乏有效的协调，对综合水价进行系统设计和整体推进改革（见表4－3）。水费征收部门和征收对象相对集中，由县级以上政府的相应行政主管部门向用水户征收或由企业代征。水费收入在不同级别的政府和部门之间进行分配，其中水资源费和排污费由中央和地方分享，自来水费和污水处理费归地方支配。

表4－3　　中国城镇综合水价的构成与监管体制

收费项目	制定部门	征收部门	征收对象	资金使用
水资源费	省级政府，价格、财政、水行政部门	县级以上政府水行政部门	直接从江河、湖泊或地下取用水资源的单位和个人	按照1:9的比例分别上缴中央和地方国库
自来水费	市级政府，价格、水行政部门	县级以上政府市政建设或水行政部门（供水企业代征）	使用水工程供应水的单位和个人	当地供水单位支配和使用
污水处理费	由县级以上地方价格、财政和排水主管部门提出意见，报同级人民政府批准后执行	县级以上政府城镇排水主管部门委托公共供水企业在收取水费时一并代征	向城市污水集中处理设施排放污染物的单位和个人	用于城镇污水处理设施的建设、运行和污泥处理
排污费	中央政府，价格、财政、环境保护和经济贸易部门	县级以上政府环境保护部门	直接向环境排放污染物的企业事业单位和个体工商户	10%作为中央预算收入缴入中央国库，90%作为地方预算收入缴入地方国库

资料来源：马中、周芳：《中国水价政策现状及完善对策》，《环境保护》2012年第19期。

三　城市水价改革与完善政府监管的政策重点

目前，深化城市水价改革和水价监管的重点是：完善市场化水价形成机制，实施激励性价格监管，形成规范的水价调整程序。

（一）持续推进城市水价的市场化改革

2013年，十八届三中全会《中共中央关于全面深化改革若干重大问题的决定》提出完善主要由市场决定价格的机制，推进水、电、油、气等领域的价格改革，“加快自然资源及其产品价格改革，全面反映市场供求、资源稀缺程度、生态环境损害成本和修复效益”，坚持“使用资源付费；谁污染，谁付费；谁受益，谁付费”原则。这一决定推进了城市水价改革的步伐，市场化城市供水价格形成机制成为未来改革的主要方向。长期以来，中国对城市居民用水实行低价政策，人为压低自来水终端价格，居民生活用水价格低于供水成本，倒挂问题突出，迫切需要建立反映供水成本、市场供求和资源环境成本的市场化价格体系。因此，水价改革的基本方向是建立价格能够全面反映市场供求、资源稀缺程度、资源环境成本的市场化城市供水价格形成机制。

（二）及时完善水资源费和污水处理费的定价和征收机制

适度提高城市综合水价中水资源费和污水处理费比重。首先，将现行包含在水价中的水资源费独立出来，专门征收水资源税。根据国家总体改革部署，应该将水资源纳入资源税征收范围，逐步对各类水资源征收资源税，通过价格杠杆促进水资源的节约、保护和合理利用。为此，需要将现在包含在水价中的水资源费独立出来，单独向供水企业征收水资源税，形成水资源价格机制。水资源税应上缴国家财政并主要用于水资源保护和治理。其次，按照“污染付费、公平负担、补偿成本、合理盈利”的原则，合理提高污水处理费，并逐步提高其在综合水价中的比重。近期把污水处理费当作一项重要水资源再生和开发利用的政策来推行，对仍未开征污水处理费的城市应限期开征，已开征的城市应逐步提高征收标准；为更好地反映“谁污染，谁治理”的原则，促进环境保护，污水处理费也可相应实行阶梯递增计量收取，做到污水排放越多，支付的污水处理费也越多。最后，在不低于国家总体规定的下限的基础上，各地可根据本地水资源情况、水资源污染情况、污染物浓度等因素实行差别化的水资源费和污水处理费征收标准，建立政府向污水处理企业拨付的服务费与污水处理效果挂钩的机制，对污水处理资源化利用实行鼓励性价格政策。积极推进排污权交易试点，完善排污权交易价格体系，运用市场手段引导企业主动治污减排。

（三）重点加强城市水务企业的成本监审和实行激励性水价监管

供水企业成本信息不对称和成本加成价格监管体制是导致供水行业监管失效的根本原因。因此，加强城市水务企业成本监审，完善成本监审机制，提高水价调整的科学性和透明度，实行激励性水价监管机制，是提高城市供水价格监管有效性的关键。国家发展和改革委员会在 2010 年出台了《关于做好城市供水价格调整成本公开试点工作的指导意见》和《城市供水定价成本监审办法（试行）》，在此基础上各地也出台地方性的城市供水成本监审办法，水价调整成本公开和成本监审制度基本建立，但这一制度并不完善，需要建立更科学的成本考核指标体系。不同地区的水资源条件、供水企业经营与技术水平、城市地理环境等因素的差异决定了各城市间供水成本存在的差异，可以建立区域性城市水务行业成本考核指标体系，推行标杆成本绩效指标，实行地区标杆水价，逐步解决企业个别成本定价和虚报供水成本的不合理问题。从长期来看，逐步推行价格上限、收益上限等激励性价格监管方式，促进企业主动提高效率和降低成本，并减轻企业的监管负担。

（四）完善水价调整机制和调整程序

目前，中国城市供水水价调整的时机和幅度在一定程度上取决于政府、企业和居民三方之间的博弈。为此，水价形成和调整机制的完善可以从以下两个方面进行：一是对水价定价和调整机制进行明确和细化，建立水价动态调整机制。要通过立法来明确水价调整机制的启动条件，或者确定一个固定的水价调整周期，启动条件满足或者调整时间来临时，启动水价调整程序。二是完善水价调整程序，建立价格成本联动机制，明确水价调整应履行的步骤、应提供的说明或材料，提高水价决策的透明度。水价听证制度是目前公众参与水价改革的主要渠道，理论上公众可以通过直接或间接地参与水价听证会来表达意见或建议，但各地在水价听证的过程中普遍存在公众意见得不到反馈、听证代表选取不透明、听证流于形式化等诸多问题。完善水价调整过程中的公众参与机制，充分保障公众参与的渠道畅通，使公众意见得到尊重和反馈，能够促进消费者、企业和政府监管部门的沟通交流，有助于减小改革的阻力，推动水价改革的深入。

第三节　居民阶梯水价政策有效性评价

一　阶梯水价政策有效性争论

阶梯水价政策本质上是价格结构政策，是一种特殊的二级价格歧视形式。目前，关于阶梯水价政策是否能有效实现其政策目标，促进水资源节约和有效利用，在经济学理论上还存在很大争论。

一些经济学家认为，递增阶梯水价可以很好地促进资源节约、社会公平和经济效率。支持实施递增阶梯水价的理由主要有以下几点：一是它能促进水资源的节约。伯兰德和惠廷顿（Boland and Whittington，2000）指出，如果阶梯水价能充分反映全部成本和边际成本上升，其根据用水量的阶梯实行递增的边际成本定价，会促进水资源的有效利用和实现节约。二是它能实现经济效率。波特（Porter，1996）、鲍曼、伯兰德和哈尼曼（Baumann，Boland and Hanemann，1997）等指出，递增阶梯水价具有"收入中性"的效率优点，可以在保持供水企业盈亏平衡的情况下实现资源最有效率的使用。三是它能促进社会公平。递增阶梯水价最初是在工业化发达国家设计的，其应用的主要目的是通过收入中性的交叉补贴机制来资助最贫困的人口。蒙特罗（Monteiro，2010）指出，递增阶梯水价通过第一级实行低于供水边际成本的水价来保障低收入者的基本需求，并通过对高用水量阶梯实行高水价向高收入家庭征收高水费，可以实现基于交叉补贴的公平促进。四是它能同时实现效率与公平目标的兼容。马丁等（Martins et al.，2010）认为，一般而言，递增阶梯水价能通过创造"合意的"交叉补贴促进不同收入群体之间的公平，是一种效率与公平可以兼容的价格政策。

递增阶梯水价的有效性也受到一些经济学家和研究机构的质疑，世界银行（2007）认为，递增阶梯水价有可能导致供水企业无法获得足额的供水收入、供水企业向弱势群体提供的服务质量下降，以及可能对多人口的低收入家庭不公平，递增阶梯水价设计中的关键是以满足基本健康需求的标准严格界定第一阶梯水量。对递增阶梯水价质疑的观点主要有以下几点：一是它会带来供水企业的收入不稳定。哈维特（Hewitt，2000）指出递增阶梯水价会增加供水企业财务收入的不稳定性，尤其是在供水企业财务收入主要依赖后续高阶梯用户的情况下，这一收入不稳定性风险会更高。二是它不一定会促进效率提高。伯兰德和惠廷顿（2000）指出，递增阶梯水价并不能保证价格和边际成本之间的匹配，因为高用水量用户的用水边际成本是否随用水量同步增加是不明确的，违背边际成本定价原则会带来扭曲资源配置。三是它不一定能促进社会公平。OECD（2003）指出，如果设计不合理和没有适当的收入保障措施，水价上涨会严重削弱低收入家庭用水的可承受能力，从而恶化公平性。四是不恰当的第一级水价设定会削弱节水效果。OECD（2003）指出，递增阶梯水价的设计尤其要关注基础用水量的科学确定，过高的第一级水价会导致中低收入家庭过度用水。正如伯兰德和惠廷顿（2000）所总结的，递增阶梯水价在实施过程中会面临诸多难题：一级阶梯水量难以界定、偏离边际成本定价带来的经济激励扭曲、行政过程的复杂性和不透明性以及增加共用水表的居民家庭水费支出等，在实际运用过程中，它可能导致不公平、低效率、净收益不稳定以及其他消极后果。

二　中国城市居民阶梯水价的效应评价

根据2013年国家发展和改革委员会、住房和城乡建设部联合下发的《关于加快建立完善城镇居民用水阶梯价格制度的指导意见》，阶梯递增水价改革的根本目的是充分发挥阶梯价格机制的调节作用，促进节约用水，提高水资源利用效率，同时保障基本需求和促进公平负担。具体来说，实现水资源节约、企业成本回收和保障社会公平是中国阶梯水价政策实施的基本目标。那么，中国的阶梯水价政策究竟能否实现水资源节约、企业成本回收和保障社会公平的政策目标呢？

（一）阶梯水价的资源节约效应

递增阶梯水价是一种典型的需求侧管理工具，节约水资源是实行阶梯水价的首要目标。为了分析阶梯水价的节水效果，我们需要首先估计出城市不同收入家庭居民生活用水需求函数，测算用水需求价格弹性和收入弹性，然后测算阶梯水价实施后的价格和用水量变动。

1. 城市居民用水需求弹性检验

居民用水需求分析是科学制定阶梯水价的重要基础，我们采用反映不同收入水平家庭的相关数据来检验不同收入家庭的需求弹性差异。根据已有的实证分析，影响居民用水需求的因素包括价格、收入以及地区水资源状况、家庭规模等，假设城市居民用水基本的需求函数为：

$$Q_{it} = Q(P_t,\ I_{it},\ R_t,\ S_t,\ \varepsilon) \qquad (4-1)$$

其中，Q_{it}表示不同收入水平城镇家庭在不同年份的用水量，P_t 表示不同年份的供水价格，I_{it}表示不同收入家庭平均可支配收入，R_t 表示不同年份的降水量以反映地区差别，S_t 表示家庭规模，ε 表示其他因素。根据已有的居民用水需求计量分析文献，对数线性函数的精确度更高，因此，我们确定的城市居民用水需求待检验回归模型为：

$$\ln Q_{it} = \beta_0 + \beta_1 \ln P_t + \beta_2 \ln I_{it} + \beta_3 \ln R_t + \beta_4 \ln S_t + \varepsilon \qquad (4-2)$$

其中，$\ln Q_{it}$和 $\ln I_{it}$分别表示不同收入水平的城镇家庭在不同年份的用水量和家庭平均可支配收入的自然对数，$\ln P_t$、$\ln R_t$ 和 $\ln S_t$ 分别为不同年份的供水价格、地区平均降水量和地区家庭规模的自然对数，β_1 和 β_2 分别表示需求的价格弹性和收入弹性，β_0 表示常数项，β_3 和 β_4 分别表示地区降水量和家庭规模的系数，ε 表示随机扰动项。[①]

回归检验中的家庭用水量、家庭可支配收入、家庭规模等数据是来自《中国城市（镇）生活与价格年鉴》（2004—2011）中国不同收

---

① 目前我们无法获取不同收入家庭用水月度数据，因此没有考虑季节性因素对用水需求的影响。

入水平家庭的相应数据。供水价格数据来自《中国物价年鉴》(2004—2011) 36个大中城市自来水供水价格的加权平均值，这里的水价不包括水资源费、污水处理费和排污费。居民家庭收入和供水价格都根据相应年份的消费价格指数进行了调整。降水量数据来自国家统计局发布的《国民经济和社会发展统计公报》(2004—2011) 全国的降水量数据。

基于上述数据，我们对不同收入水平家庭的用水需求进行分组回归，在回归检验中，我们发现，居民家庭规模并没有通过检验，这可能是因为目前中国城市居民家庭人口规模具有明显的趋同性，在多年的每对夫妻一个孩子的计划生育政策下，三口之家已经成为基本的家庭人口规模[①]，稳定的家庭规模对不同收入家庭用水需求没有产生明显的差别化影响。从表4-4可以看出，不同收入水平家庭用水需求价格弹性存在差别，并且随着收入的提高，价格弹性相应提高，递增阶梯价格对促进节水具有一定的作用基础。不同收入家庭之间的需求收入弹性的差别不显著，中低收入家庭的收入弹性相对高于高收入家庭，说明随着收入水平的增长中低收入家庭的用水量会以略高的速度增长。

表4-4　不同收入水平城市居民家庭用水需求弹性估计结果

	低收入户	中等偏下收入户	中等收入户	中等偏上收入户	高收入户
β_0	-2.68 * (-2.17)	-2.11 (-1.83)	-3.19 * (-2.72)	-2.86 ** (-3.66)	-2.70 ** (-3.97)
lnP	-0.25 (-1.11)	-0.33 (-1.59)	-0.57 * (-2.70)	-0.48 ** (-3.46)	-0.51 ** (-4.38)
lnI	0.56 *** (7.19)	0.52 *** (7.39)	0.60 *** (8.36)	0.55 *** (11.53)	0.49 *** (11.85)
lnR	0.22 (1.46)	0.17 (1.23)	0.25 (1.83)	0.26 ** (2.83)	0.32 ** (4.16)
F值	47.66	44.37	45.49	91.30	85.27
R^2	0.97	0.97	0.97	0.99	0.98
调整后 R^2	0.95	0.95	0.95	0.97	0.97

注：括号内为t统计值，*** 表示在1%的统计水平下显著，** 表示在5%的统计水平下显著，* 表示在10%的统计水平下显著。

① 目前国内主要城市推出的阶梯水价方案对各个梯级设置的用水量大都按照家庭人口4人来设计，这明显提高了每个梯级的用水量门槛标准。

2. 阶梯水价的节水效应测算

我们可以利用下面的公式测算得出阶梯水价实施带来的节水效果：

$$\Delta Q_i=\begin{cases}0,\ Q_1\leqslant L_1\\ e_2(Q_2-L_1)\left(\dfrac{P_2-P^U}{P^U}\right),\ L_1<Q_2\leqslant L_2\\ \Delta Q_2+e_3(Q_3-L_2)\left(\dfrac{P_3-P^U}{P^U}\right),\ L_2<Q_3\end{cases}\qquad(4-3)$$

其中，Q_i 和 ΔQ_i 分别表示不同收入水平家庭原用水量和阶梯水价实施带来的节水量，e_i 表示需求的价格弹性，L_1、L_2 表示分别第一、第二级水量上限，P^U 表示阶梯水价实施前的统一价格，P_1、P_2、P_3 分别表示第一、第二、第三级水价，令 $P_1=P^U$，根据国家发改委发布的《指导意见》规定，三级水价的价差为 $P_1:P_2:P_3=1:1.5:2$。为保持数据的一致性，我们以 2011 年 36 个大中城市的加权平均水价 2.65 元/立方米作为基准水价，第二、第三级水价分别为 3.975 元/立方米和 5.3 元/立方米。阶梯水量是根据《中国城市（镇）生活与价格年鉴》2009—2011 年不同收入水平城镇居民家庭用水量加权平均来得出，一级水量上限为 30.4 吨/人·年，覆盖低收入家庭；二级水量上限为 49 吨/人·年，覆盖中等偏下收入家庭、中等收入家庭和中等偏上收入家庭；三级水量下限为 49 吨/人·年，覆盖高收入家庭。根据上述数据，则可以得出递增阶梯水价实施后居民用水量变化的计算公式为：

$$\Delta Q_i=\begin{cases}0,\ Q_1\leqslant 30.4\\ 0.5e_i(Q_i-30.4),\ 30.4<Q_2\leqslant 48.99\\ \Delta Q_{i-1}+e_i(Q_i-48.99),\ 48.99<Q_3\end{cases}\qquad(4-4)$$

通过测算我们得出阶梯水价实施后不同收入家庭的用水量变化，从表 4-5 可以看出，如果阶梯水价按现行规定得到全面推行，低收入家庭的用水量不会发生变化，中等收入家庭用水量将下降 2.4%—10.8%；高收入家庭用水量下降幅度最大，为 18.11%。从全社会来看，阶梯水价的实施将使城市居民用水量下降 8.70%。这说明，阶梯水价通过递增的价格结构设计，能够在一定程度上促进居民节约用水。

表4－5　　居民阶梯水价节水效果测算

	低收入户	中等偏下收入户	中等收入户	中等偏上收入户	高收入户	总计
原用水量［立方米/（人·年）］	30.4	37.75	42.94	48.99	59.88	219.96
价格（元/立方米）	2.65	3.98	3.98	3.98	5.3	2.79
新用水量［立方米/（人·年）］	30.4	36.83	40.87	43.69	49.03	200.83
节约水量（立方米）	0	－0.92	－2.07	－5.30	－10.85	－19.13
用水量变动比例(%)	0	－2.43	－4.82	－10.81	－18.11	－8.70

（二）阶梯水价的成本补偿效应

长期以来，中国实行福利性供水体制，政府通过价格管制实行低水价政策，这导致城市供水企业无法通过向用户合理收费来回收成本，不反映供水成本的低水价政策是造成供水企业长期大面积亏损的主要原因。

从国内主要城市来看，核定供水定价单位成本均高于居民生活用水单位价格，北京、广州和上海每立方米自来水供水单位成本比居民生活用水单位价格分别高出1.41元、0.7元和0.49元（见表4－6）。根据中国水协的统计资料，2011年，全国31个省市区平均供水成本为1.725元/立方米，平均售水成本为2.244元/立方米，平均综合水价为2.164元/立方米。在水价不反映供水成本和资源环境成本的情况下，供水企业依靠并不充足的政府补贴维持运营，城市供水企业因此推迟资产更新和降低提高水质的各项投入，这不仅严重影响供水企业稳定持续投资和提高供水质量，而且不利于水资源节约和治理水污染。“低价低质”是城市供水的基本特征，是制约城市水务行业发展和影响城市供水安全的一个重要原因。

表 4-6　　2013 年部分城市供水成本和供水价格状况

城市	核算时间（年）	供水单位成本（元/立方米）	居民生活用水单位价格（元/立方米）	年均亏损额（万元）
北京	2010—2012	3.11	1.70	-69470.33
广州	2008—2010	2.02	1.32	-21648.87
天津	2012	4.29	3.97	-8686.87
上海	2010—2012	2.12	1.63	-20435.00
武汉	2009—2011	1.24	1.10	-25000.00
全国	2012	2.13	2.25	-202400.00

资料来源：北京的数据来源于北京市自来水集团网站，天津和全国平均数据根据《中国城市供水统计年鉴》（2013）计算整理；其余城市的数据根据各地公布的《城市供水定价成本监审报告》计算整理。

根据《指导意见》，阶梯水价的具体方案由地方政府根据本地情况制定。由于全国各个城市差别较大，为了分析阶梯水价实施后的成本补偿效应，本书以北京、上海、广州、武汉、南昌等典型城市为例，测算阶梯水价的供水成本补偿程度。这五个城市阶梯水价实施方案的共同特点是，水价结构改革与水价水平提升同步进行，一级水价相对于原水价提高的幅度最高的北京为 50%，幅度最低的上海为 17.8%。

假设阶梯水价实施后供水企业的销售收入为 TR，供水企业总成本为 TC，各级用水量和价格分别为 Q_i 和 P_i，则总成本补偿率 TCC 计算公式为：

$$TCC = \frac{TR}{TC} = \frac{\sum_{i=1}^{3} P_i \times Q_i}{AC \times \sum_{i=1}^{3} Q_i} \tag{4-5}$$

采用式（4-5）和典型城市的相关数据，我们测算得出实施居民阶梯水价的成本补偿效应结果。从表 4-7 的结果中可以看出，阶梯水价实施后，上海、广州、武汉、南昌基本实现成本补偿，尽管北京价格上涨幅度较高但仍无法补偿供水成本，南昌、武汉两城市成本补偿目标的实现是因为阶梯水价带来一定的价格上涨，并不是单纯的价格结构改革，南昌、武汉不仅实现了完全的供水成本补偿并且具有明显的通过涨价获取更高利润的倾向。

表 4－7　　　　典型城市阶梯水价的成本补偿效应

城市	单位售水成本（元/立方米）	居民用水量（万立方米）	原价格（元/立方米）	阶梯价格（元/立方米）	实施前成本补偿率（%）	实施后成本补偿率（%）	成本补偿率变化（个百分点）
北京	3.19	45114.37	1.70	2.07/4.07/6.07	53.29	68.97	15.68
上海	2.12	69986.85	1.63	1.92/3.30/4.30	76.89	99.53	22.64
广州	2.02	65857.85	1.32	1.98/2.97/3.96	55.46	99.01	43.55
武汉	1.53	42517.00	1.10	1.52/2.28/3.04	71.90	103.92	32.02
南昌	1.26	12851.55	1.18	1.58/2.37/4.74	93.65	131.75	38.10

资料来源：单位售水成本和居民生活用水量数据来自《中国城镇供水统计年鉴》（2013）。阶梯水价由各地最新公布的阶梯水价方案得到，不含污水处理费。

上述结果说明，单纯的递增阶梯水价结构改革对于改进供水企业成本回收的贡献将非常有限，甚至由于居民用水量的下降而出现企业财务状况恶化的局面，因此，递增阶梯水价本身无助于实现通过向居民用户收费来补偿成本的目标。对于全国大多数城市来说，目前的阶梯水价方案无助于实现明显改善城市供水企业亏损状况和通过用户付费来解决成本合理补偿的目标。只有将阶梯水价结构改革和适度提高水价结合起来整体推行，才能有效地促进通过收费来补偿成本的目标，但如何防止供水企业借机实行追求高利润回报的涨价行为将成为政府监管面临的重大挑战。

（三）阶梯水价的公平效应

国际上一般采用“可支付能力”指标来反映居民用水的公平性。居民可支付能力是指不同收入组家庭水费支出占家庭可支配收入的比重，该指标是衡量居民家庭用水负担的通行指标（OECD，2003）。为了分析现行居民阶梯水价的公平效应，我们通过计算和比较阶梯水价实施前后不同收入水平的城镇居民水费支出占可支配收入的比重变动，来衡量和判断阶梯水价实施的公平效应。我们分三种情景：情景1是价格水平不变且仅调整阶梯价格结构；情景2是价格水平上涨18%并调整阶梯价格结构；情景3是价格水平上涨50%并调整阶梯价格结构。

根据2007—2011年中国不同收入水平城镇居民家庭的水费支出和可支配收入数据，我们计算出三种政策情境下不同收入家庭的水费支出负担，测算结果显示，最低收入家庭水费支出比重没有变化，高收入家庭由于用水量下降导致水费支出比重出现微弱下降，中等收入家庭水费支出比重略有上升（见表4-8）。上述结果说明，现有阶梯水价实施并没有导致城镇居民水费支出普遍上升，其中阶梯价格实施带来的负担下降主要是高收入家庭，阶梯价格实施带来负担略有增加的是中等收入家庭，低收入家庭的支付能力不变。

表4-8　阶梯水价实施后不同收入家庭水费支出占家庭可支配收入的比重

单位：%

	情景1		情景2		情景3	
	5年均值	均值变动	5年均值	比重变动	5年均值	比重变动
最低收入户（10%）	1.19	0	1.34	0.15	1.57	0.38
其中，困难户（5%）	1.36	0	1.54	0.18	1.79	0.43
低收入户（10%）	0.95	0	1.07	0.12	1.24	0.29
中等偏下收入户（20%）	0.78	0	0.85	0.07	0.95	0.17
中等收入户（20%）	0.66	0.01	0.67	0.02	0.69	0.04
中等偏上收入户（20%）	0.56	0.01	0.59	0.04	0.58	0.03
高收入户（10%）	0.42	-0.04	0.44	-0.02	0.39	-0.07
最高收入户（10%）	0.31	-0.01	0.32	0.00	0.29	-0.03

资料来源：根据《中国城市（镇）生活与价格年鉴》有关数据计算整理。

在目前的改革方案下，尽管低收入家庭水费支出比重没有变化，但由于高收入家庭水费支出比重相对下降，这说明现有的改革方案没有恶化不同收入家庭之间的绝对公平，但它恶化了不同群体之间的相对公平，没有产生阶梯价格“富人补贴穷人”的交叉补贴的公平促进效应。这一结果产生的原因主要有两个：一是现有阶梯水价方案中第一级、第二级的基础水量覆盖面太宽，第一级水量覆盖80%的家庭，第二级水量覆盖95%的家庭，高水价人口比例过低，中高收入家庭仍然占有更多的低水价优惠；二是由于低收入家庭的价格弹性小，水价调整对用水量影响有限，但高收入家庭价格弹性高，阶梯价格在显著降低高收入家庭用水量的同时也降低了水费支出比重。[①]

三　中国城市居民阶梯水价政策的完善

综合以上分析，城镇居民阶梯水价政策的推行实施在一定程度上有助于促进水资源节约，但其对于供水企业通过向用户收费来实现成本补偿的作用很有限，而且尽管阶梯水价没有恶化绝对公平，但恶化了相对公平。因此，现行阶梯水价政策并不能根本缓解城市供水行业长期存在的主要问题，需要进一步完善阶梯水价政策方案和深化水价改革。目前，影响现有阶梯水价有效实现价格改革目标的因素主要是阶梯水量、价差和阶梯水价的适用范围，为此需要从以下三个方面加以完善。

（一）完善阶梯水量，降低第一级水量的标准

第一级基础用水量是影响阶梯水价有效性的重要基础，根据世界卫生组织（1997）基本水需求标准是每人每天25—30升水，则一个三口之家的月基本用水量应为2.1—2.7立方米。目前中国已经实施阶梯水价主要城市的第一级用水量均远远高于这一国际标准，三口之家月用水量北京为15立方米、上海为13立方米、广州为8.7立方米、武汉为8.3立方米、南昌为10立方米。由于第一级水价适用于所有家庭，第一级用水量标准过高成为影响政策效果的主要障碍，为此需要改变现有方案第一级、第二级用水量过高和覆盖面过宽的缺陷，核心是科学设定第一级用水量，不应简单地按照前三年居民平均用水量来测算，应严格按照“满足基本需要”原则来设定第一级用水

---

① 在同步实行两部制水价的情况下，由于低收入群体的低用水量，这样使低收入群体承担了更高的单位用水量的固定成本，间接增加了其水费支出。

量，使其更有利于低收入家庭。

（二）完善阶梯价差

阶梯水价要为用户提供有效的节水激励，从而实现水资源节约和有效率使用目标的一个重要条件是，水价充分反映供水的全部经济和环境成本。对第一级水价实行低于供水边际成本的“生命线”水价政策，同时进一步拉开第一级与第二级、第三级水价之间的价差，第二级、第三级水价应充分反映供水的全部边际机会成本，促进企业成本回收和充分反映资源环境成本，从而提高阶梯水价的需求管理效果。由于全国各地水资源情况、经济发展水平等差别较大，赋予地方政府确定阶梯水价方案中更大自主权，国家发改委只对阶梯水价的价差规定下限标准，允许地方政府根据本地实际情况来适度提高不同梯级的价差。

（三）将水价改革和提高供水水质有机结合起来，破解“低价低质”难题

水资源节约和提高水质是中国供水行业面临的两个突出的问题。阶梯水价主要是根据用水量来实行差别定价，它能在一定程度上促进用水量的下降，但是，它无法同时实现水质提高的目标。因此，要通过水价改革首先实现通过用户付费来保证供水成本回收的目标，要同时把水质改善作为重要的政策目标，通过机制设计激励企业将价格改革增加的收益主要投入在改善水质上，强化对水质的政府监管，破解“低价低质”难题，并有利于使改革获得公众支持。

第四节　城市水价改革中的公平问题

保证低收入群体承受力既是水价改革顺利推进的重要因素，也是促进社会公平的重要制度形式。建立和完善科学的水价形成机制，利用价格杠杆实现资源节约和环境保护是水价改革的重要目标，要实现经济效率和环境保护，水价必然要反映供水成本和环境成本。水价的提高将导致居民生活成本的上升，对低收入群体的生活质量造成影响

备受关注。城市低收入群体一般家庭人口较多，就业面小，家庭负担较重，由于家庭成员缺乏专业技能，收入水平低，因而家庭消费水平也较低，抵抗风险能力差。安全卫生的饮用水是维持生存的最基本资源，如果缺乏相配套的保障措施，水价上涨极易造成低收入家庭生活质量的下降。因此，在水价改革过程中，弱势群体的承受力是始终需要关注的问题，所面临的挑战是如何使用水的经济效率目标与确保弱势群体获得基本服务的目标相统一。

一　中国城市居民水价承受力分析

对于城市低收入家庭来说，水费支出是家庭消费支出的重要组成部分，水费支出的增加会恶化低收入家庭的消费和支付能力。尽管由于各国水资源丰裕程度和居民收入水平存在一定的差别，并造成各国水价水平的不同，但相对水价，即水费支出占家庭可支配收入比重，却可以有效反映不同国家居民的水费支出负担。国家建设部（1995）基于国际经验和对中国现实的分析提出，中国城镇居民生活用水合理的水平为家庭水费支出占家庭可支配收入的比重在2.5%—3%。科米维斯和克里斯廷（Komives and Kristin，2005）基于发展中国家的样本分析指出，居民家庭水费负担的合理范围为水费支出占家庭可支配收入的3%—5%。根据中国城镇供水排水协会2010年对全国31个省市区的统计数据，31个省市区家庭水费支出占城市家庭人均可支配收入的平均比重约为0.43%，64.5%的省市区都低于0.5%，最高的海南省为0.73%。中国城市水价远未达到世界银行提出的3%—5%的居民可承受上限。总体上看，全国城市供水价格仍处于较低水平，居民水费负担相对较轻。

为了更准确地反映中国城镇居民家庭的水费负担，我们采用2007—2011年全国不同收入水平城镇家庭的水费支出和家庭可支配收入数据来测算城市水费支出负担，结果显示：

首先，2007—2011年，中国城镇居民家庭水费支出占家庭可支配收入比重的总体平均值为0.70%。相对于国际通行标准，中国城镇居民用水负担平均较轻，水费支出比重低于可承受力标准。

其次，不同收入水平家庭水费支出比重具有明显的差异，并呈现与收入水平反向变化的特点，从5年均值来看，困难户为1.36%，最低收入家庭为1.19%，其他收入水平居民用户均在1%以下且呈下降趋势，最高收入家庭最低为0.32%，困难户家庭水费支出比重是最高收入家庭的4.25倍（见表4－9）。由此可见，低收入家庭水费支出负担相对较高，家庭收入水平越高，其水费负担越轻，现行水价的相对公平性较差，未来的水价改革应尽量不增加低收入困难家庭的支出，重点应该提高中高收入家庭的水费支出。

表4－9　中国城镇不同收入家庭水费支出占家庭可支配收入比重

单位:%

不同收入家庭分组	2007年	2008年	2009年	2010年	2011年	5年均值
最低收入户（10%）	1.29	1.23	1.13	1.22	1.10	1.19
其中，困难户（5%）	1.48	1.33	1.27	1.41	1.33	1.36
低收入户（10%）	1.06	0.98	0.92	0.95	0.83	0.95
中等偏下收入户（20%）	0.85	0.80	0.76	0.78	0.69	0.78
中等收入户（20%）	0.71	0.68	0.62	0.65	0.59	0.65
中等偏上收入户（20%）	0.60	0.56	0.53	0.55	0.49	0.55
高收入户（10%）	0.50	0.49	0.45	0.47	0.41	0.46
最高收入户（10%）	0.35	0.33	0.31	0.33	0.29	0.32
总体均值	0.76	0.72	0.67	0.71	0.63	0.70

资料来源：根据《中国城市（镇）生活与价格年鉴》有关数据计算整理。

中国长期政府管制下的低水价实际上是一种隐性的政府补贴，但是长期低水价补贴的主要受益者是高收入家庭而非低收入家庭，原有适用于所有家庭的低水价政策存在明显的不公平性。传统的观点认为，保持适用于所有居民的统一低水价是最公平的，上述结果说明，低水价并不能实现社会公平，高水价并不一定就不能促进社会公平，关键是设计针对不同收入水平家庭的差别化水价政策，在促进经济效率的同时保障低收入家庭的可支付能力不恶化乃至得到改进。

二　保证低收入群体价格承受力的政策机制

就为什么要向低收入群体用水提供补贴，在水价改革过程中关注低收入群体的承受能力的问题，科米维斯和克里斯廷等（2005）总结了比较主流的两种视角：第一种视角是从行业或经济的角度出发，认为向低收入家庭提供用水或排水补贴，使水费支出在其承受能力的范围内，居民有能力消费得起水务企业提供的产品，能够促进成本回收。此时，水价补贴是一项产业政策或经济政策手段，着眼点在于实现水务行业长远发展。在这种视角下，水价制定和调整在实现成本回收时，要充分考虑不同收入居民的承受能力和支付意愿，选择适当的价格方案。第二种视角是从社会政策的角度出发，认为用水补贴是一种解决贫困问题，促进社会公平的有效途径，特别是对缺乏足够的行政能力执行复杂的转移支付政策的发展中国家而言。在这种视角下，补贴作为一项收入再分配的社会政策，可以选择使用收入补贴，或者专项或价格补贴，常见的形式包括提供生活补贴、水费减免、向特定群体提供价格优惠等。尽管从理论上来说，采取收入补贴更有助于缓解贫困和社会公平问题，尊重消费者主权，并能避免其他补贴方式的扭曲成本，但是专项补贴因为行政成本低、便于操作、针对性强等优点被大多数国家和地区采用。

政府补贴的主要目的是促进社会公平，政府补贴面临的主要挑战是如何找到具有成本效率并且“漏出”最小的补贴方法。补贴政策的设计应该满足以下要求：一是补贴应该与市场化相兼容，市场竞争机制是确保行业高效率和用户获得低成本良好服务的基础，补贴应该具有促进市场竞争和效率改进，而不是阻碍市场机制的作用，以牺牲效率来保证公平。二是补贴应该直接针对特定目标群体，给真正需要的人，从而实现降低政府补贴支出总量的同时优化支出结构，最小化补贴的“漏出”。三是补贴形式选择应该尽量避免扭曲市场价格机制，给消费带来错误的信号，从而促进资源节约。四是补贴应该主要是针对消费者需要承担的供应固定成本而不应补贴变动成本，在保证供水企业稳定回报的同时实现价格机制的灵活性。

国际上不同国家实行的用水补贴形式多种多样。总的来说，按照是否区分补贴对象可分为定向补贴和非定向补贴，例如，针对全体消费者的统一水价补贴是典型的非定向补贴。定向补贴又可以分为间接补贴和直接补贴。直接补贴的方式下，存在消费者选择和行政选择两种选取补贴对象的机制，递增阶梯水价、按量差别定价就是利用消费者自选择机制确定补贴对象并直接予以补贴，地区差别定价下则是通过行政方式选择补贴对象。中国目前已实施的保障低收入群体承受力的措施主要有递增阶梯水价、生活补贴、水费减免（或价格优惠）三种方式。

三　保证居民价格承受力的政策选择

保障低收入群体承受力既是水价改革的应有之义，也是深化水价改革的前提条件和助推器，在水价改革过程中一直被强调和突出。新形势下，保障低收入群体可支付能力应注意以下几个方面。

（一）渐进推进水价改革

水是城市居民重要的生活必需品，由于水资源稀缺、水环境治理和长期管制下的低水价，因此市场化水价改革将带来居民用水的水价上涨，增加居民的用水负担。在长期福利供应体制下，广大居民长期以来形成了政府就应该实行低价供水的观念，迅速的市场化及其带来的价格上涨，会招致公众的反对。考虑到居民的接受程度，水价应分步骤实行全成本居民水价。水价短期大幅度调整将使居民难以适应，形成巨大的改革阻力，应将价格结构改革与价格水平调整分离，建立程序化的水价动态调整机制，采取“小步慢走”的改革策略，分步骤有计划地逐步实行全成本水价。在水价改革过程中，必须注重宣传解释工作，通过各种媒体对公众进行宣传教育，改变公众长期以来形成的福利性用水观念。

（二）完善递增阶梯水价，更好发挥其促进公平的作用

城市水价的公平性并不是对城市所有居民实行普惠制低价格，普惠制低价格既无效率又无公平，保证城市水价的公平性关键是保障贫困低收入群体的支付能力不因水价的调整而下降。从理论上来说，递增阶梯水价是一种收入再分配的工具。递增阶梯水价促进公平的机制是，通过向高使用量的高收入家庭高收费来交叉补贴低用水量的低收入家庭，从而实现在价格提高的同时促进社会公平。因此，各国在实行递增阶梯水价时，往往是对高收入家庭的高递增阶梯收费和对低收

入家庭实行保障性“生命线”低水价同步实施。目前，中国递增阶梯水价改革公平促进效应没有发挥的关键有两点：一是80%的居民家庭水费支出不变；二是高用水量家庭的阶梯水价价差没有拉开。为此，递增阶梯水价的完善应该将占10%的困难家庭实行保障性“生命线”水价，其他居民都适用阶梯水价，同时提高高用水量与低用水量的价差，提高城镇高收入家庭水费支出。

（三）逐步完善水价上涨对低收入群体的价格补贴机制

各地应建立并逐步完善水价上涨对低收入群体的价格补贴机制。城乡最低生活保障制度是保障城乡低收入群体基本生活的首要制度，但是保障标准调整周期长，缺乏针对性，难以有效抵御短期价格波动。面对这一问题，部分城市已经着手建立应对短期价格波动的应急机制。如北京市2014年6月出台的《北京市城乡居民基本生活消费品价格变动应急救助预案》规定，在短期内居民消费品价格上涨或水价、电价调整超过一定标准时，向城乡低保人员、农村“五保户”等五类低收入群体发放相应的短期补贴。这种短期价格补贴机制的建立有效地弥补了社会保障体系反应的滞后性，进一步保障了城乡低收入群体生活水平不因物价上涨而降低。这种制度创新应予以鼓励和推广，建立动态补贴机制。

（四）建立市场化城镇居民用水保障机制

保障居民的供水并不需要政府采取国有垄断经营体制，国际经验显示水务行业的市场化机制仍然可以很好地促进社会公平。中国供水价格改革需要借鉴国际经验，在具体的行业运营中，应该引入民间资本、构建公私合营（PPP），政府通过激励性管制来激励企业改进效率、降低成本、提高供水质量；随着改革的深入，应赋予供水企业定价自主权，在政府水价水平上限管制下，鼓励企业自主实施针对不同收入家庭的差别水价政策，鼓励企业主动向低收入群体实行低水价；同时，政府应支持行业企业建立低收入群体供水保障基金，对低收入家庭的用水提供保障。

（五）加大财政投入以改善低收入困难家庭的供水条件

低收入群体由于收入较低，居住环境差，供水管网设施往往面临老化、渗漏等问题，亟须维护和更新，在一些老城市和经济相对落后地区的城市的老郊区，这些问题还非常严重。低收入家庭供水条件的改善需要对供水管网进行改造，这些改造需要较大的投入，管网属于公共设施性国有资产，政府应承担投资建设和维护改造的职责。为此，地方政府应加大财政投入，加大对低收入家庭户表改造、管网维护的财政支持力度，确保低收入群体能够获得安全卫生的饮用水。

第五章　城市饮用水水质安全监管

水是人类生存和经济社会发展的基本物质基础，城市饮用水安全直接关系人民群众的健康、生命安全和社会稳定。水对于维持生命是不可或缺的，必须对所有人提供令人满意（即充足、安全及容易得到）的饮用水；改进饮用水安全可以给健康带来切实的好处。因此，需要实行有效的城市饮用水安全监管，确保饮用水水质的安全性。

城市饮用水系统包括水源系统、净水系统、输配水系统、用水系统。城市饮用水水质安全涉及从水源地到自来水龙头的全过程，即取水、输水、制水、配水和用水等所有环节，任何一个环节出现问题都可能严重威胁居民饮用水安全。具体来说，城市饮用水安全受到城市供水多个环节的影响，包括水源水质状况、水厂的净化工艺、供水设施条件、管网输配系统、二次管网供水等，可以说，饮用水安全问题与城市供水生产各个环节密切相关。就目前来说，我国城市饮用水安全面临着重重风险，水源达标率低、水厂净化工艺落后、水质检测能力弱、供水二次污染严重等因素均对城市居民饮用水水质安全造成严重威胁，并且供水与污水处理也是密切相关的。因此，饮用水水质安全必须基于城市饮用水系统的一体化来进行分析和进行监管政策设计。

第一节　城市饮用水水质安全监管的现实需求

我国城市饮用水水质安全保障的基础条件相对薄弱。近年来，随着中国经济发展和城市化的快速推进，我国城市供水水源污染日益严重，重大水污染事件频繁发生，水厂净水工艺大部分采用常规处理工艺，不能有效应对日益严重的水污染和城市居民对生活饮用水水质标准日益严格的要求，城市输配水管网老旧、材质差，居民住宅系统内部管网缺乏监管等问题日益突出，同时社会资本进入也加大了饮用水水质安全的风险，这些都严重威胁城市饮用水安全和社会稳定。

城市供水企业与监管机构之间、消费者之间存在严重的信息不对称和激励性差异是饮用水水质安全风险和监管难度的根本制约。首先，由于饮用水水质监测的专业性，普通消费者无法有效判断饮用水的水质安全。水质监测是一项专门性和高技术性的工作，需要借助生物化学等专业知识和专业性设备、科学的检测方法，而消费者对于这些方面的知识和设施是十分欠缺的，消费者直观上仅仅依靠水的浊度和色度来判断水质的好坏，无法及时发现污染的或低质量的饮用水。其次，供水企业和监管机构之间存在信息不对称。由于能力限制，行业监测和行政监督往往具有滞后性和低频率，无法对供水企业涉及水安全的各项指标实行实时的监控，因此政府监管机构无法完全及时获知关于饮用水水质信息，企业具有道德风险的倾向。最后，政府部门及其监管机构出于社会稳定考虑，往往隐蔽和封锁关于饮用水水质的信息。当供水企业出现严重的水质污染时，政府部门出于维护社会稳定和政绩考核的因素，往往对居民隐瞒饮用水水质的真实信息。饮用水水质信息不透明，居民和政府之间存在严重的"信息不对称"问题，必须基于不同主体的行为激励，通过有效的监管体制设计来建立有效的饮用水安全保障体制。目前，我国饮用水安全监管仍然存在明显的体制、机制障碍，饮用水安全监管体系、政策手段相对不足，监管有效性急需提高，饮用水安全监管制度供给严重不足，无法满足不断提高的饮用水水质安全监管的需求。因此，迫切需要加强和创新城市饮水安全监管。

一　城市饮用水污染重大事件频发

监察部的统计显示，近十年来，我国水污染事件高发，水污染事故每年都在1700起以上。供水污染事件严重影响了我国城市饮用水卫生安全，平均每起污染事件至少影响2000人的正常饮水，与水有关的肠道传染病在全国传染病病例中占有较大比例。[①] 为此，我们总结了自 2002 年以来我国重大饮用水污染事件（见表 5－1），可见，2002 年以来，我国城市饮用水安全事故呈现高发和频发的态势，并且污染事件的影响和危害也日益严重。

表 5－1　　2002—2014 年中国重大饮用水污染事件

时间	污染事件	污染事故原因	污染事故影响
2002 年 10 月	云南盘南江水污染事件	工业废水、生活污水、畜禽粪便等大量排放	上百吨鱼类死亡；下游柴石滩水库 3 亿多立方米水体受到污染
2003 年 5 月	三门峡水库泄出“一库污水”	工业废水和生活污水的排放，黄河流域生态恶化	是黄河发生有实测记录以来最严重的污染；水质恶化为Ⅴ类；出现“守着黄河买水喝”现象
2004 年 3 月	沱江“3·2”特大水污染事故	工业废水的排放	沿江百万群众饮用水中断；直接经济损失 3 亿元；生态恢复需 5 年时间
2004 年 6 月	龙川江楚雄段水污染	镉元素严重超标	楚雄水文站、智民桥、黑井等断面总镉超标 36.4 倍
2004 年 10 月	河南濮阳市黄河取水口水污染	工业废水的排放和农药污染	污染持续 4 个多月，城区 40 多万居民的饮水安全受到威胁，被迫启用地下水源
2005 年 11 月	松花江重大水污染	苯、苯胺和硝基苯等有机物流入河中	哈尔滨市被迫停水 4 天；哈尔滨各大超市出现抢购饮用水场面
2006 年 9 月	湖南岳阳砷污染事件	砷元素超标	砷超标 10 倍；8 万居民饮用水受到威胁
2007 年 5 月	太湖水污染事件	水体富营养化严重	太湖蓝藻肆虐暴发使得无锡部分地区水体发臭，居民无法饮用
2007 年 7 月	江苏沭阳水污染事件	氨氮含量严重超标	20 万人的饮用水受到影响
2008 年 10 月	四川雅安江水污染	大量泥沙进入河道	大量鱼类死亡；全程停水
2009 年 2 月	江苏盐城水污染事件	化工污染	大范围断水，至少 20 万居民受到影响

① 卫生部：《全国城市饮用水卫生安全保障规划（2011—2020 年）》。

续表

时间	污染事件	污染事故原因	污染事故影响
2009 年 5 月	湖北南漳水污染事件	大量含有泥沙的洪水流入水源水库	停水 10 天后才逐步恢复供水
2009 年 6 月	内蒙古赤峰自来水污染事件	水源大肠菌群、菌落总数等严重超标	出现大量腹痛腹泻病例，4322 人就医
2010 年 10 月	中金岭铊污染事故	铊元素超标	迫使工厂停产 9 个月；经济损失高达 2 亿元
2011 年 6 月	哈药总厂“三废”污染事件	废水、废气、废渣	严重影响了居民的生存环境；对居民的身体健康问题也造成了威胁
2011 年 6 月	杭州苯酚罐车泄漏事件	苯酚泄漏流入新安江	停水
2012 年 12 月	江苏镇江水污染事件	苯酚污染水源	停水
2013 年 3 月	上海死猪事件	水中有大量漂浮死猪	对上海居民饮用水的取水水源造成了一定程度的污染
2014 年 4 月	兰州水污染事件	石化公司管道发生泄漏，污染了供水企业自流沟，造成苯含量严重超标	造成局部地区停水；至少有 300 多万市民饮用水成了问题；引发了严重的社会危机
2014 年 5 月	江苏靖江水污染事件	倾倒危险物、废弃物导致饮用水水源地水质异常	全市近 70 万人的生产、生活因此受到影响，并引发了抢水潮
2014 年 5 月	富春江水污染事件	槽罐车侧翻致四氯乙烷流入富春江	停水 12 小时

资料来源：笔者根据有关媒体报道进行归纳整理。

二　城市饮用水水源污染日益严重

我国城市饮用水水源主要分为地表水源和地下水源，其中地表水源包括湖库、河流、山溪等，地下水源包括浅层地下水、深层地下水等。严重的城市饮用水水源污染是影响城市饮用水水质安全的主要因素。

目前，全国 657 个城市中有 400 多个城市是以地下水为饮用水水源，也就是说，我国有近七成人口饮用地下水，地下水是我国重要的饮用水水源。但是，我国目前地下水水质不容乐观，近几年来，我国地下水水质呈较差级和极差级的比重均高于50%，且水质污染情况日益严重，2013 年有近六成监测点水质为较差级或极差级（见图 5－1），监测点的主要超标组分为总硬度、铁、锰、溶解性总固体、“三氮”（亚硝酸盐氮、硝酸盐氮和铵氮）、硫酸盐、氟化物、氯化物等，个别监测点水质存在重（类）金属铅、砷等超标现象。

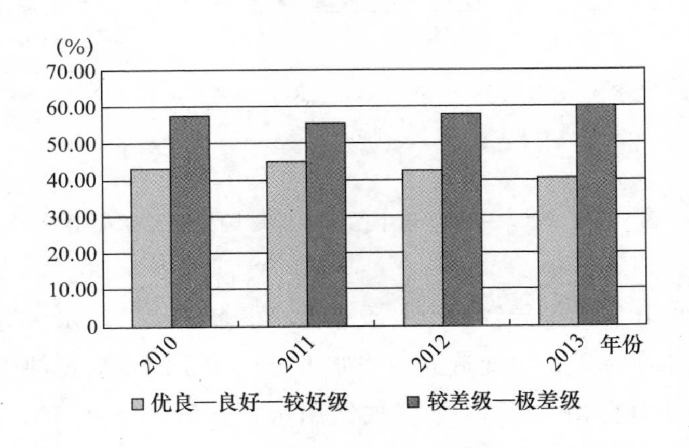

图 5－1　2010—2013 年地下水水质情况

资料来源：根据历年《中国国土资源公报》整理。

相对来说，我国地表水在经过国家大力治理后，水质状况有所改善。据《2012 年中国环境状况公报》资料，长江、黄河、珠江、松花江、淮河、海河、辽河、浙闽的河流、西北诸河流和西南诸河流十大流域的国控断面中，Ⅰ—Ⅲ类、Ⅳ—Ⅴ类和劣Ⅴ类水质断面比例分别为 68. 9%、20. 9% 和 10. 2%。主要污染指标为化学需氧量、五日生化需氧量和高锰酸盐指数。换句话说，经过 10 年的治理，我国劣Ⅴ类水的比例从 2002 年的 40. 9% 降至 10. 2%（见图 5－2）。不过，各地情况大不相同。海河劣Ⅴ类水比例高达 40% 以上，黄河、辽河与淮河也都有超过 20% 仍是劣Ⅴ类水。实际上，自来水水源要求是Ⅰ类水和Ⅱ类水，但是这些优质水源实在太少，所以，目前才允许选用Ⅲ

类水。目前Ⅲ类水达到90%以上的，仅仅是西北和西南诸河，长江、珠江、闽浙片河流鲜有超过80%，黄河、松花江等连60%都达不到。

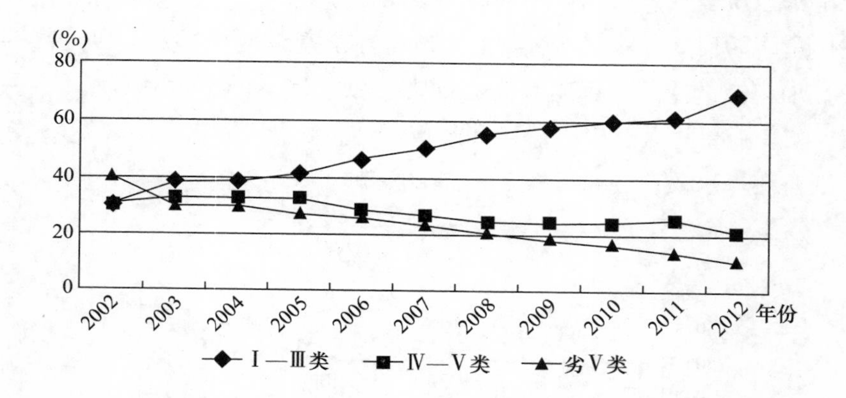

图5－2　2002—2012年中国十大流域国控断面水质情况

严重的环境污染导致水源水质恶化，很多城市饮用水水源无法达到饮用水水源标准，由此造成一些城市出现严重的水质型缺水。2008年，环保部对全国4002个集中式饮用水水源地进行水质调查发现，2333个饮用水地表水源地中，不符合水源水质标准的占18%。住建部连续10年对35个重点城市的公共地表水厂15000个取水口水源水样调查结果显示，达到地表水Ⅱ类水标准的水样比例由2002年的30.2%下降到2011年的21.6%。全国县城以上城镇4457个公共水厂中，原水水质出现超标的水厂数量达1859个，占水厂总数的42%。

三　供水企业水处理工艺相对落后

水厂建成时间早且工艺技术落后。全国设市城市大部分自来水厂是在新的《生活饮用水卫生标准》颁布之前建设的，工艺相对落后，无法应对水源污染带来的净水压力和满足新的供水标准要求。目前，我国城市供水企业设施陈旧落后，尤其是净水工艺落后，净水处理工艺难以保障用户终端的自来水水质。我国绝大部分城市水厂仍旧采用混凝、沉淀、过滤、消毒等常规处理工艺来除去水中的固体颗粒、胶体杂质以及部分细菌，但是，近年来饮用水水源地所受污染中的重金属污染、持久性有机物污染很难被传统水处理工艺消除。在饮用水水源中检测到的部分有机污染物，几乎都可以从水厂出水中检测出来，一部分自来水厂的水质不达标，尤其中小供水企业表现得更为突出。

水厂处理工艺相对落后。水体中的污染物按性质可以分为生物性、物理性和化学性污染物。目前，化学性污染物是威胁饮用水水质安全的主要因素，同时目前常规的饮用水处理工艺对绝大部分化学性污染物还无能为力。相对于传统净化工艺，深度处理不仅可以灭杀水中微生物，同时它也可以清除重金属离子和有机化合物污染。但是我国目前做到深度处理的水厂不到2%，而深度处理工艺的规模仅占城市供水规模的10%左右，这意味着90%的水处理无法排除被有机化合物或重金属污染的风险。根据住建部2009年对地表水厂的调查数据，在调查的2714个地表水厂中，采用深度处理工艺的水厂仅仅44个，供水规模为0.09亿立方米/日；采用常规处理工艺的水厂1988个，供水规模为1.53亿立方米/日；简单处理的水厂682个，供水规模为0.32亿立方米/日。2009年，全国水厂深度处理的比重仅为1.62%，大部分为常规处理，比重为73.25%。

企业缺乏持续提高供水水质的激励。目前，我国城市供水企业大多是政企高度合一的国有垄断企业，由于现行的城市供水定价实行政府定价，为了获得公众支持，政府长期实行福利性低水价政策，价格成本倒挂问题突出。由于企业提供高质量的饮用水需要支付更高的成本，但是，在政府统一制定的低于供水成本的价格体制下，因为不管水质高低同样是较低的价格，水价根本不能反映水质差别，企业提高水质不仅不能带来更高的回报，反而会增加企业的成本和降低企业的收益。因此，企业缺乏提高水质的激励，饮用水安全缺乏有效的微观基础。在收益不确定和政府投入不足的情况下，供水企业对供水、净水技术改造投资严重不足，潜藏着饮用水安全风险。根据住建部2009年的调查数据，在全国县城以上城镇4457个公共水厂中，出厂水水质出现超标的水厂共2367个，占调查水厂总数的53.11%。

四　输配管网老旧二次污染严重

饮用水安全问题与城市供水生产各个环节密切相关，城市供水水质既取决于水源水质状况，又取决于水厂的净化工艺、供水设施条件、管网输配系统管理等。目前，我国城市供水输配管网老化对城市居民饮用水水质安全造成威胁。由于很长一段时期我国城市建设追求单纯的规模扩张，忽视城市供水基础设施的投入和高标准建设，城市管网更新改造投入严重不足。

首先，供水管道本体材料对管内水质影响很大，会造成饮用水污染。传统的城市给水管道一般主要采用镀锌管和铸铁管，这些管材抗腐蚀能力差，供水管道内易电化学腐蚀、化学腐蚀和微生物腐蚀等反应，进而造成给水管道的内腐蚀、沉淀和结构。

其次，我国供水管网老化现象严重，较高的管网漏损率潜在较大的饮用水水质安全风险。根据住建部发布的《中国城镇供水状况公报（2006—2010）》的数据，2010年设市城市和县城（市县）合计的管网漏损率为14.6%，其中，设市城市、县城管网漏损率分别为15.3%和10.8%。在东部、中部、西部地区，设市城市和县城合计的管网漏损率分别为14.1%、17.4%和12.6%，中部地区的市县公共供水管网的漏损率最高。由于城市供水管网老化，加之防护性差，出现破损渗漏现象突出，如管网附近存在污水渠、污水池，这些污水在管网压力较小情况下会倒灌入管网，造成饮用水污染。典型的如2014年兰州水污染事件就属于自来水输送过程中管网漏损造成的污染。

五　二次供水设施建设与管理不到位

市政管网输送的自来水没办法对中高层住户进行直供，因此必须进行二次加压，这意味着市政管网的供水需要经过地下蓄水池、增压水泵、输送管网、屋顶水箱等环节后，最终送到住户家。目前，我国大多数城市对居民小区建设的供水设施建设缺乏科学及时的前期规划设计，居民小区供水系统的建设单位、产权单位和管理单位缺乏明确的统一规定，往往开发商建设、物业管理，产权不明，管理职责不清。由于目前二次加压供水管理由物业公司负责（包括水质），用户饮用水的水质情况由物业公司保障，但是，物业公司不具备任何水质检测能力，运行管理也不专业，因此出现二次供水自来水公司不去管，物业单位不想管也管不了的局面。由于二次供水设施建设和管理多元化，监管职责不明晰，设施产权主体不明晰和运行维护主体混乱，造成设施运行维护不到位，“最后一公里”水质安全隐患风险较大。

六　城市水务市场化增加了饮用水水质安全风险

城市水务行业市场化改革加大了饮用水水质安全的风险。市场化改革使大量追求投资回报最大化的各类社会资本和外资进入城市水务行业。在政府实行水价管制的约束下，民营供水企业具有强烈的利润动机和短期经营行为倾向，长期提供安全可靠饮用水的声誉约束机制缺乏，导致民营供水企业并不具有不断提高饮用水水质的内在激励；相反，有激励通过减少保证水质安全的基础设施投资和降低供水质量来实现降低成本和增加收益的动机。同时，由于信息不对称和水质监管技术的制约，监管机构无法做到实时全面地对饮用水水质进行监管，这进一步恶化了城市饮用水水质安全的微观基础。

第二节　饮用水水质安全监管的国际经验

一　国际组织的饮用水安全准则

（一）世界卫生组织饮用水安全准则

2005 年世界卫生组织发布的《饮用水水质准则》（WHO Drinking Water Guidelines）强调饮用水安全监管应以公众健康为目标，提出“饮用水安全计划”（Water Safety Plan，WSP），以供水系统风险评估、风险监测和风险管理为主，并以有效的监督制度作保障，从而形成对饮用水供应从水源地到用户水龙头的全过程水质安全监管。为此，提出了安全饮用水框架（见图 5－3）。

《饮用水水质准则》重点强调预防优先的理念，持续保证饮用水供应安全的最有效手段，是从集水区到用户所有环节的供水都采用全面的风险评估和风险管理方法。为此，重点提出了开展预防性管理的“饮用水安全计划”，它由三部分构成：一是系统评价，确定饮用水供水链（直至用户消费点）作为一个整体，其送水质量能否符合基于健康目标的水质要求。同时也包括对新系统设计标准的评估。二是确定饮水系统中的控制措施以全面控制已明确的危险性，并保证能符合基于健康目标的要求。对于每一项控制措施，应规定一个恰当的运行监测方法，以保证当所要求的操作出现任何差错时能及时被发现。三是管理计划，说明在正常操作或意外情况时要采取的行动，对于供水系统的评价（包括更新和改进）、监测、信息交流计划和支持方案都要有书面规定。

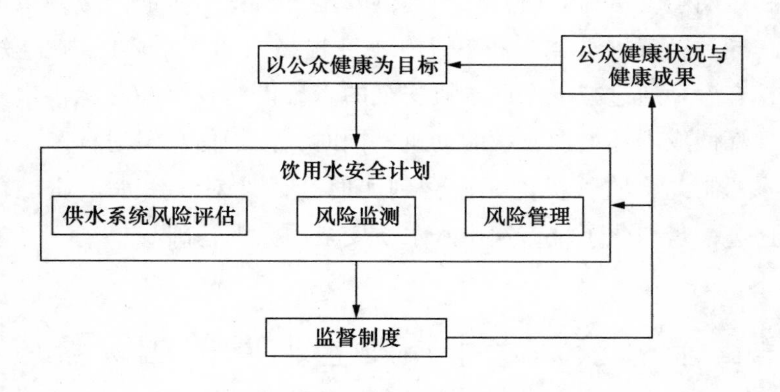

图 5－3　安全饮用水框架

（二）波恩安全饮用水宪章

2004 年世界水协发布的《波恩安全饮用水宪章》对确保饮用水安全设定了高水平的适用于各国的应用原则。世界卫生组织准则和波恩安全饮用水宪章是紧密联系、相互补充的文件。《波恩安全饮用水宪章》描述了有关运行与机构设置的一个高水平的框架——波恩饮用水水质安全框架（见图 5－4），即对从水源到用户的整个供水过程管理的基本要求，并对不同相关利益主体的职责做出了明确的界定。

《波恩安全饮用水宪章》的宗旨是“以优质安全的饮用水赢得用户信赖”，饮用水安全监管的原则是：整个供水环节的管理应该以对整个水循环的管理为基础；建立饮用水水质的保证体系不仅以对管网末梢水质的检测（依据预先设定标准进行检测）为基础，而且管理控制系统还应实施对整个供水系统中所有环节的风险评估并管理这些风险；包括政府、独立监督机构、供水者、地方当局、卫生部门、环境

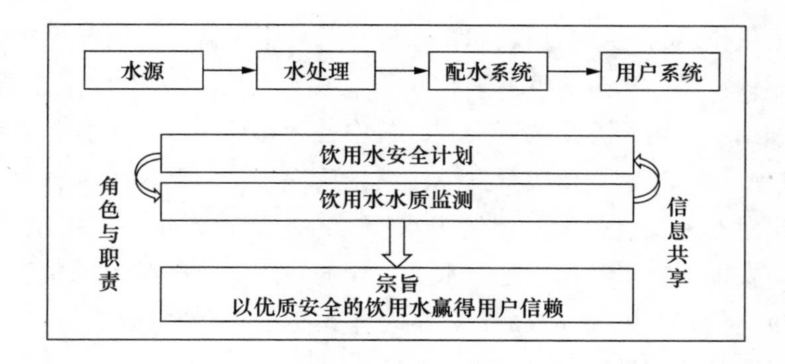

图5-4　波恩饮用水水质安全框架

部门、土地使用者、承包商、相关材料及产品的制造商、安装队伍及用户在内的相关主体应密切合作并建立良好的伙伴关系；为建立起相互信任的纽带，公开、透明和诚实的沟通十分必要；对于在供水系统中起不同作用的机构，应明确划分其角色及相关责任，以确保完全覆盖从水源到用户的整个系统，政府应通过制定法律从制度上赋予各方适度的责任；与供水水质及可靠性标准有关的决策，其制定过程应公开透明；应保证水的安全可靠及美学角度的可接受性；应制定统一的水价，使用户得到优质足量的饮用水，满足其居家生活的基本需求；所有饮用水保障体系应以最有效的科学实验数据为基础，并具有广泛的适用性，应考虑到不同国家的不同法律、体制、文化及其社会经济状况。

巩固高效的饮用水安全计划需要通过三个步骤来实现：第一，从水源到用户水龙头整个范围内各环节的评估体系；第二，最有效控制点的识别与监控，以减少可能的风险；第三，开发有效的管理控制体系及可操作的方案，用于应对正常及非正常条件。对潜在的严重事件给予重视并建立应对方案，同时对管理控制体系功效的评估也同样必不可少。

二　美国饮用水水质安全监管

美国是联邦制国家，各州拥有相对较大的自主权。在保障城市饮用水安全问题上，水务行业的监管也是在联邦政府的领导下，主要是以州为单位进行，各个层级职责明确，既分工又合作；既相互配合又相互制约。具体来说，联邦政府的职责主要是制定基本政策、条例、基准和标准并监督各州政府实施，其中，联邦环保署是负责水资源管理的核心部门，它主要负责发放污染排放许可证、制定国家饮用水标准、出台有关规定帮助各州制定水质标准、检查各州的饮用水计划、管理州资助项目以补贴兴建污水处理厂的费用等；州政府的主要职责是通过州计划实施联邦政府制定的基本政策、条例和标准，州计划必须经过联邦政府批准方可实施。

美国饮用水安全保障体系大致如图 5－5 所示。

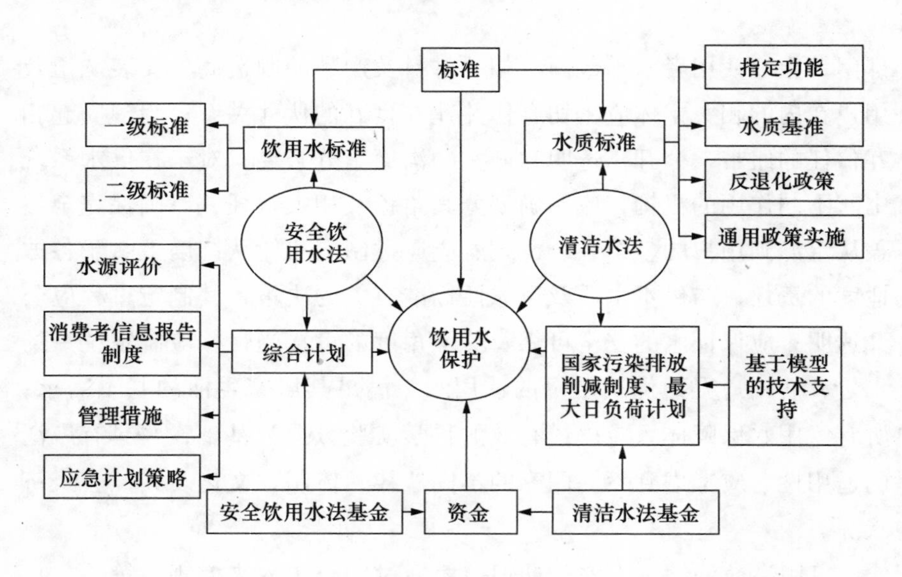

图 5－5 美国饮用水安全保障体系示意

（一）城市饮用水安全监管的立法

美国主要靠立法来保障饮用水安全，《清洁水法》和《安全饮用水法》是美国饮用水安全监管的主要联邦法律。

美国的《清洁水法》是 1977 年对 1972 年《联邦水污染控制法案》的修订案，它是一部与保障饮用水安全相关的重要法律，该法的目的是“恢复并保持国家水体的化学的、物理学的和生物学的完善性质”，为了实现上述目标，《清洁水法》规定了两项国家目标和五项国家政策。两项国家目标是：到1985年，消除对通航水体排放污染物；到1983年7月1日，实现关于保护鱼类、水生贝壳类和野生动物繁殖和人类水上娱乐活动的中期水质目标。五项国家政策分别为：禁止以有害数量排放有毒物质；对公共污水处理厂的建设提供联邦政府援助；制定并实施区域性的废物处理管理规划；努力发展水污染排放控制技术；尽早制订并实施控制非点源污染的计划。《清洁水法》针对的主要是对地表水水源的保护，通过采取许多管制和非管制的工具来减少直接排放进水道的污染物，管理污染的径流，将水源地环境管理作为确保水质安全的首要环节，以严格的立法和具体的制度设计保障供水从源头上的安全。

为了控制饮用水水质和保护地下饮用水源，弥补《清洁水法》在地下水污染控制方面的缺陷，美国国会于1974年颁布了《安全饮用水法》（SDWA），并分别于1986年和1996年进行了两次修订。1974年《安全饮用水法》构建了美国水质安全监管的制度框架，形成了联邦环保署、州和地方监管机构、供水企业和公众分工协作的饮用水安全保障体系，明确了联邦和州在保证饮用水安全方面的职责分工。1974年《安全饮用水法》主要侧重限制饮用水最大污染物容量和饮用水处理技术，并在随后不断增加对污染物的数量限制，但饮用水污染物检测能力和检测成本成为有效监管的重要制约。1986年修订案则要求制定饮用水水质新条例，严格控制各种饮用水水源体中的有害污染物，1986—1991年，政府监管的污染物为83种，随后增加到108种，到2007年美国监管的饮用水污染物达250种。在实施《安全饮用水法》1986年修订案的过程中，人们也逐渐意识到制定饮用水标准并不是保证饮用水安全的唯一措施，并且不断增加的污染物控制数量也使供水企业无所适从，为此一些供水企业不断投诉监管机构，于是在1996年的修订案中建立了新的饮用水标准制定过程和风险管理方法，增加了水源保护、操作人员培训、水系统改进资金支持政策、公众信息公开政策等几项重要内容，从而确保饮用水从源头到终端出口的全程保护和形成更公正的监管实施体制。

（二）美国城市饮用水安全保障的主要制度

美国的城市饮用水生产供应质量保证各个环节都有相关法律制度作为支撑，饮用水质量保障体系相对比较完善，具体包括饮用水水源保护计划制度、点源排放许可证制度、饮用水水源应急处置制度、水质国家标准制度、全面的信息公开与公众参与制度和饮用水安全法律责任。

1. 饮用水水源保护计划制度

联邦饮用水水源保护计划制度主要涵盖三类计划，分别为地下灌注控制计划、唯一水源含水层计划和水源保护区计划，其中地下灌注控制计划和唯一水源含水层计划是由1974年《安全饮用水法》首次提出，目的主要是保护地下水水源，1986年《饮用水法》增补的关于水源保护区计划的规定则是针对保护所有的饮用水水源。

地下灌注是指流体通过钻井、挖井、挖孔、污水池或地下流体分配系统来侵入地下，地下灌注计划的任务是通过规范注入井的建设和运作来保护水源不受到污染。《饮用水法》要求联邦环保署制定关于州的地下灌注控制计划的条例，并编制一份需要控制地下灌注活动的州的名单，凡是列入此名单的州必须制订地下灌注控制计划并报环保署审批。该计划的核心内容是关于地下灌注许可证的颁发，许可证对地下灌注活动的控制根据灌注井的类型而设定，地下灌注井主要分为五类：一类井是灌注《固体废物处置法》规定的危险物的井；二类井是灌注与石油和天然气的生产、储存有关的液体的井；三类井是灌注与硫黄、盐的开采相关的井；四类井是灌注放射性物质和对地下饮用水水源或者在其上灌注危险废物或不在一类井的灌注物质之内的其他危险物的井；五类井是直接对地下水源灌注尚未被《固体废物处置法》定为危险物质的有害物质的井。需要指出的是，《饮用水法》对五类井并无许可证要求，但是，倘若其违反初级饮用水质标准，环保署或者州政府有权要求其申请许可证并采取矫正措施。

唯一水源含水层计划指的是联邦环保署有权通过资助项目来对唯一含水岩层予以特别保护，其中联邦财政援助的项目必须由EPA负责审议，而受这种特殊保护的唯一含水岩层也必须具备下列条件：它承担含水层上方地区饮用水消耗50%以上的供给；这些地区没有任何可替代的饮用水源；水源一旦被污染，将对公众造成巨大的危害。任何个人或者组织均可以通过向EPA提交一份申请书，申请指定一个含水层作为唯一水源，截至2000年2月，在美国已有70个指定的唯一水源含水层。

水源保护区计划，主要的保护对象是那些作为公共水系统水源的水井和井区周围的地面和地下的、污染物可能通过其到达水井或井区的区域，这对保护水源的质量具有重要作用。《安全饮用水法》规定，各州须制订水源保护区计划并报环保署审批，计划的主要内容有：明确要求各州、地方和公共制定供水系统并规定各方实施水源保护区计划的相关义务；根据地下水文资料划定水源保护区；鉴定水源保护区内不利于人体健康的污染物；技术、财政援助；应急计划；考虑到新井和新井区范围内的潜在污染源。①

2. 点源排放许可证制度

美国对水污染的控制可分为点源控制和非点源控制，其中点源排放的控制是美国《清洁水法》最重要的控制项目。点源排放控制的实现主要依赖于出水限度和排放许可证制度。出水限度指“由州和联邦环保署规定的对从点源排入通航水体、毗连区或海洋的化学的、物理学的、生物学的和其他成分的任何数量、速率和浓度限值，包括达标计划”，出水限度就是点源污染物的排放标准，目的是限制污染物的排放适量、速率和浓度。

制定出水限度仅仅是控制水污染的第一步，出水限度需要通过相应的法律制度来实施，即点源排放许可证制度，主要包括排放合格证制度和国家污染物排放削减制度。这两个制度存在紧密的联系，按照《清洁水法》规定，任何从事可能对可航行水体排放污染物的活动的人在申请排放许可证时必须提交由法律规定的机关签署的排放合格证，无此证，申请人不得获取排放许可证。国家污染物排放削减制度（National Pollutant Discharge Eliminations , NPDEs）是美国河流、湖泊

① 王曦：《美国环境法概论》，武汉大学出版社1992年版。

和近海水体保护与恢复的主要手段，NPDEs 规定了对直接向水体排放污染物的工厂排放各种污染物的浓度限制，排放许可的限制包括联邦环保局颁布的对特种类工业污染物的排放标准，以及对国家水体的水质标准。NPDEs 许可证包括两种基本类型：个别许可证和一般许可证。个别许可证适用于单一企业，许可证机构根据企业递交的申请为企业制定许可证；一般许可证是联邦机构根据《清洁水法》和 NPDEs 许可证条例签发的对一定地理区域内的特定类型点源排放的许可证，该许可证不需要排放者个别申请。关于许可证的颁布问题，《清洁水法》授权联邦环保局为 NPDEs 的法律实施机构，环保局也可以将 NPDEs的部分或者全部职权授权给各州，对于未得到环保局授权的州而言，NPDEs 的颁布由地区环保局负责。但是，当采取上述制度后依旧不能达到水质标准要求的，需要对水体制订最大日负荷总量计划，通常包括五个步骤[①]：筛选主要的污染物；目标水体同化能力的计算；排入目标水体污染物总量的计算；水体污染的预测性分析，确定水体允许的污染物负荷总量；将污染物负荷进行分配，该计划最终需要提交 EPA 接受审查和批准。

3. 饮用水水源应急处置制度

美国饮用水水源突发污染事件应急管理是在联邦政府、州政府和地方政府三个层次上开展工作的。在联邦层次上，饮用水水源突发事件应急管理的核心协调决策机构是国土安全部的联邦紧急事务管理署，在该署总负责下，EPA 负责有关环境污染方面的具体应急管理事务。经授权，EPA 于 2003 年颁布了《饮用水源污染威胁和事故的应急反应编制导则》，为饮用水水源应急处置提供方向性的指导，而各大型和小型公共事业公司、公共健康部门等相关组织根据编制导则在应急预案中各负其责。州政府和地方政府需根据本地饮用水水源突发污染事件的实际情况，来编制和执行相关应急预案，而 EPA 则只负责技术性和业务性的领导工作。为了避免出现职能缺位现象，相关法律规定：在污染物出现或可能进入公共水系统或公共水源，并对人体健

① 美国环境保护局等编：《美国饮用水环境管理》，中国环境科学出版社 2010 年版。

康引起或可能引起重大危害，而有关州和地方政府未采取应急措施的情况下，联邦环保局有权采取它认为为保护人体健康所必要的任何行动，包括发布为保护人体健康所必要的命令（比如命令致害者提供替代水）；提起适当的民事诉讼（比如，申请法院的限制命令和强制令）等法律救济。[①] 美国饮用水安全应急预案通常包括供水系统规划指导原则、污染物威胁管理指导原则、场地描述采样指导原则、分析指导原则、公共健康应对指导原则及恢复和重建指导原则六个模块（见表5－2）。

表5－2 美国饮用水安全应急预案编制指导原则的六个模块及其功能

模块名称	功能简介
模块一：供水系统规划指导原则	简单介绍了突发污染物性质和可能采取的危机管理措施
模块二：污染物威胁管理指导原则	构建了水源地突发事件管理的整体框架，把风险评估和决策两大要素平行和交叉地贯穿于危机应急全过程中
模块三：场地描述采样指导原则	通过场地调查、快速监测、试样采集等工作描述场地性质
模块四：分析指导原则	提供大多数的样品分析方法，尤其是水中未知污染物的分析方法
模块五：公共健康应对指导原则	说明了再启动公共卫生安全应急系统时最重要的部门，以及各个部门之间的关系
模块六：恢复和重建指导原则	介绍了恢复和重建的计划和执行过程，具体包括各相关部门和各种补偿措施，如系统再造、补偿权的选择及替代水源的寻找等

4. 水质国家标准制度

水质标准主要涉及水环境质量标准和饮用水水质标准。美国并没有全国统一的水环境质量标准，按照《清洁水法》第304（a）条规定，美国环保署负责制定、发布水质基准，各州再根据该水质基准来制定其各自的水质标准。该水质标准是针对满足“美国的水体”定义

① 王曦：《美国环境法概论》，武汉大学出版社1992年版。

的地表水而制定的。水质标准主要包括规定用途、水质基准、反退化策略和通用政策实施四个部分。

美国饮用水水质标准包括一级标准和二级标准。一级标准适用于公用给水系统，它限制了那些有害公众健康的及已知的或在公用给水系统中出现的有害污染物浓度，从而保护饮用水水质。一级标准所涉及的各个指标均设有两个浓度。即污染物最高浓度目标和污染物最高浓度。前者是对人体健康无影响或预期无不良影响的水中污染物浓度，属于非强制性公共健康目标；后者是水中污染物最高允许浓度，属于强制性标准。二级标准是用于控制水中对美容、感官有影响的污染物浓度，该标准为非强制性标准，但是，各州可以选择性采纳作为本州饮用水水质的强制性标准。

5. 全面的信息公开与公众参与制度

饮用水的安全与否直接关系着公众的健康，因此，对于饮用水水质的情况，公众应当有充分的知情权。《安全饮用水法》规定：每个人都有权知道其直接饮用的水的水质情况。《安全饮用水法》明确规定了供水系统向用户定期报告水质制度，供水系统必须每年向用户递交有关水源和水质的用户信心报告，美国环保署及各州每年也必须就公共供水系统遵守饮用水安全标准做出年度总结报告，并将该报告向公众公布。

水质报告又称《消费者信心报告》（CCR），其制定 CCR 所依据的基本理念是，所有消费者都有权知道饮用水水质情况，即消费者的知情权。CCR 主要包括了以下基本内容：水源的类型及名称；水源潜在的污染情况及如何获得完整的水源评价资料；饮用水中所有污染物的浓度（或浓度范围）及与之对比的 EPA 水质标准；饮用水中的污染物的可能来源；对水中超过 EPA 标准的所有污染物质，要明确其潜在的健康影响及水厂的相应对策；水厂遵守其他饮用水法规的情况；对于硝酸盐、砷和铅超过 EPA 标准 50% 以上的地区等。

对饮用水相关问题的知情权，是公众行使参与权的重要前提。《安全饮用水法》明确规定，公众有参与制订水源评估计划、使用饮用水周转基金贷款计划、州能力发展计划和州工作人员培训计划的权利。对知情权和公众参与权的保证，是公众提出关于饮用水安全建议的保证，有助于公众监督供水系统以及各州及环保局关于饮用水的措施的合理性、合法性，也是公众保护自己饮用水安全的重要法律保障。

6. 饮用水安全法律责任

美国就饮用水安全保障法律责任的主要法律依据是《清洁水法》，为保证立法宗旨的实现，该法提出了较为完备的执行条款和在联邦执行保证下的联邦和州的执行体制。按照规定，对于违反 NPDEs 许可证中规定的出水限度、水质标准、执行标准等情况下，联邦环保局可以直接对违法者采取执行行动或通知所在地的州政府采取执行行动，州政府必须在接到通知 30 日之内采取措施，如果州政府未采取相应行动，那么环保局可以对违法者发布命令，责令矫正违法行为或提起民事诉讼。除上述行政命令外，《清洁水法》还规定了对违法者可科以行政制裁、民事制裁和刑事制裁（见表 5－3）。

表 5－3　　美国饮用水安全保障的法律责任

制裁手段	条款具体内容
行政制裁	对于 NPDEs 许可证违反者：一级罚款额为每次违法可不超过 1 万美元和最大数额不得超过 2.5 万美元；二级罚款额为每次违法可不超过 1 万美元和最大数额不得超过 12.5 万美元
民事制裁	对违反 NPDEs 许可证和守法命令的，规定由法院处以每违法日 2.5 万美元以下的民事罚款
刑事制裁	对过失而违反 NPDEs 许可证条款的，处以每违法日 2500—2.5 万美元罚款，或 1 年以下的监禁，或两者并罚；对累犯者，处以每违法日 5 万美元以下罚款，或 2 年以下监禁，或两者并罚；对故意违法者，处以每违法日 5000—5 万美元，或 3 年以下监禁，或两者并罚。 对故意的累犯者，处以每违法日 10 万美元以下的罚款，或 6 年以下监禁，或两者并罚。 对因故意违法而使他人处于严重死亡或人身伤害危险之中的违法者，处以 25 万美元以下的罚款，或 15 年以下的监禁，或两者并罚

资料来源：王曦：《美国环境法概论》，武汉大学出版社 1992 年版，第 339—340 页。

三　欧盟饮用水水质安全监管

（一）欧盟饮用水水质安全监管法律

欧盟关于饮用水安全的法律主要有《欧盟水源指令》《欧盟水框架指令》《饮用水水质指令》等。欧盟2000年制定的《欧盟水框架指令》是欧盟近年来在饮用水安全领域颁布实施的最为重要的指令，它搭建起了欧洲对于水资源管理的框架，其主要目标包括促进水资源的循环发展和利用、防止水资源状况继续恶化、有效地减少有毒的污染物排放、缓释地下水的污染情况、降低洪水和干旱等极端天气的影响等。在《欧盟水框架指令》的指导下，欧盟及其成员国陆续制定了一系列水质监管法律、法规和制度，形成了较为完整的法律政策体系。1998年发布的《饮用水水质指令》（98/83/EC）对饮用水水质标准做出了明确具体的规定。2004年发布的《波恩安全饮用水宪章》细化了饮用水系统中政府、供水者、监管机构、用户的角色定位和职责，建立了从水源到用户的包括整个供水系统各环节的管理控制体系，并提出了水质安全标准、监控手段和信息公开。

（二）信息公开与公众参与

联合国欧洲经济委员会有关获取信息、公众参与决策及环境问题诉讼的公约——《奥胡斯公约》于2001年生效。《奥胡斯公约》主要内容是每个人都有权利获得公共机构所掌握的环境信息（获取环境信息）；每个人都有权利参与环境决策（环境决策的公众参与）；每个人都有权利审查工作程序，对不尊重上述两项权利或违背环境法律的公开决策可提起司法诉讼。获取环境信息已在《欧盟关于公众获取环境信息的指令》（2003/4/EC）中得以实施。

（三）城市饮用水供应链风险评估制度

为完善对饮用水供应的风险管理工作，欧盟于2006年开展TECHNEAU项目，其第四部分“风险评价与管理”不仅对饮用水供应链的风险评估及风险管理手段进行了研究，还提出了通用的风险评估的框架与方法。欧盟饮用水水质安全综合风险评估框架包括用户模块、技术模块、系统模块和管理操作模块四个部分（见图5－6）。

图 5－6　欧盟饮用水水质安全综合风险评估框架

（四）重大突发性污染事故应急管理制度

水污染对人类健康造成了切实风险，引发了公众紧急事件，因此必须集中所有的努力确保尽可能快地将健康风险降至最低。欧盟已经建立了针对公民保护的共同体机构，即欧盟人道援助和公民保护司，该管理机构的主要职责是在重大紧急事件发生或即将发生时，参与采取应急响应措施，推动成员国在公民保护方面共同合作。因此，它是在公民保护方面加强各机构共同合作的有力工具。该机构有四个部门：监测和信息中心、一般紧急事件和信息服务机构、培训部门、公民保护部门。

（五）环境责任制度

欧盟委员会 1993 年发布了《关于补救环境损害的绿皮书》，提出和阐述了对环境责任一般问题的态度。2000 年欧盟委员会提出《环境民事责任白皮书》，白皮书特别提出，环境民事责任的第一个目的是使污染者为其造成的损害承担民事责任。2004 年《环境责任指令》的出台意味着欧盟以污染者付费原则为基础，对欧盟环境民事责任制度进行正式立法。为了运用刑法惩治环境犯罪，欧洲理事会于 1998 年制定了《通过刑法保护环境公约》，该法在预防环境危害中的地位和作用、环境犯罪的构成要件、刑罚方法、打击环境犯罪中的国际合作等问题做出了较为明确的规定。2008 年欧洲议会和欧盟部长理事会制定并通过了关于《通过刑法保护环境第 2008/99 号指令》，这一指令要求各个成员国在两年内制定出有效、具有威慑性的刑法规则，以处罚非法排放危险物质、引发严重污染事故等犯罪行为。

第三节　中国城市饮用水水质安全监管体制

城市饮用水安全监管体制主要包括监管的法律法规、监管的标准体系、饮用水安全监管机构体制、安全监管的执行体系。

一　饮用水水质安全监管的法规体系

我国没有针对饮用水水质安全的专门法律，主要的相关规定都体现在与饮用水相关的领域中。这些相关的领域主要包括国家法律、行政法规、部门规章和地方法规（见表 5－4）。这些法律法规从水资源开发和保护、水质标准制定、水质监测体系、应急制度方面都做出相应的规定。

表 5－4　　中国饮用水水质安全监管的主要法律法规

法律法规名称	制定年限	等级
《中华人民共和国水法》	1988 年颁布，2002 年修订	国家法律
《中华人民共和国环境保护法》	1989 年颁布	
《中华人民共和国水污染防治法》	1984 年颁布，2008 年修订	
《中华人民共和国城市供水条例》	1994 年颁布	行政法规
《中华人民共和国水污染防治细则》	2000 年颁布	
《中华人民共和国河道管理条例》	1988 年颁布	
《水污染防治行动计划》	2015 年颁布	
《城市供水水质管理规定》	2007 年颁布	部门规章
《生活饮用水卫生监督管理办法》	1996 年颁布	
《饮用水水源保护区污染防治管理规定》	1989 年颁布	

资料来源：笔者根据中国供水水质督察网的有关文件整理。

（一）国家法律

目前，关于饮用水安全的国家法律主要有《中华人民共和国水法》《中华人民共和国水污染防治法》《中华人民共和国环境保护法》和《中华人民共和国传染病防治法》，这四部法律分别从水资源开发与利用、防治水污染、水环境保护、饮用水卫生等角度对饮用水安全做出相应的规定。其中，《中华人民共和国水法》是关于水资源保护的基础性法律，主要条款包括水资源的开发利用、水资源、水域和水工程的保护、水资源的配置和节约使用，该法对饮用水管理的内容主要涉及饮用水水源保护区制度、水质监测以及满足城乡居民用水等方面。《中华人民共和国环境保护法》对保护和改善生态环境，防治污染和其他公害，环境污染的法律责任等问题做出了法律规定。《中华人民共和国水污染防治法》对水污染防治的监督管理和防治水污染做出了相应的规定，涉及水质安全条款主要包括水源保护区的划分和防治水污染的具体措施。《中华人民共和国传染病防治法》第十条规定了各级政府及其卫生行政部门、供水单位、涉水产品生产企业的法定职责以及失职应负的法律责任。

国务院制定的与供水水质安全有关的行政法规主要有《中华人民共和国水污染防治法实施细则》《中华人民共和国城市供水条例》和《中华人民共和国河道管理条例》。其中，《水污染防治法实施细则》针对饮用水污染防治做出了相应的规定，涉及不同饮用水水源保护水质应该达到的水质级别。《中华人民共和国城市供水条例》主要针对城市公共供水和自建设施供水涉及的城市供水水源、供水工程建设、供水经营、供水维护做出了相应的规定，该法规现有的内容更多的是突出城市供水规划建设问题，对饮用水水质安全监管问题的规定仍然不明确、不系统。

（二）部门规章

部门规章主要包括建设部颁发的《城市供水水质管理规定》，建设部、卫生部颁发的《生活饮用水卫生监督管理办法》，环保部等颁发的《饮用水水源保护区污染防治管理规定》，建设部颁发的《市政公用事业特许经营管理办法》，建设部颁发的《地下水开发利用保护管理规定》。这些部门规章都是各部门从部门职责出发制定的相应的规范，主要从城市水质管理、水质标准、卫生监督、水源保护做出了相应的规定。

（三）地方性法规

我国很多地方政府都制定了保障城市供水安全相关的地方性法规，地方性的法规基本上是在参照国家法律、行政法规和部门规章的基础上，结合本地区的实际制定出相应的地方性法规。这些法规的内容主要包括以下几个方面：对饮用水水源保护区保护的规定；对饮用水卫生安全监督管理的规定；对水污染防治的规定；对城市供水、节约用水方面的规定。例如浙江省人民政府于1999年颁布了《浙江省城市供水管理办法》；杭州市人民政府于1997年颁布了《杭州市城市供水管理规定》和《杭州市高层建筑生活饮用水给水设施卫生监督管理办法》，2011年颁布了《浙江饮用水水源保护条例》，这些地方性法规为保障浙江省城市供水安全提供法律保障。

二　饮用水水质安全监管的标准体系

目前，我国饮用水标准体系可以分为国家级标准、行业标准和地方标准三级。从法律效力上来说，可以分为国家强制性标准和推荐性标准。国家标准主要有《生活饮用水卫生标准》《地表水环境质量标准》《地下水质量标准》《二次供水实施安全规范》《饮用天然矿泉水》等；行业标准主要有《城市供水水质标准》《城市用水分类标准》《生活饮用水水源水质标准》《生活饮用水水质标准》等（见表5－5）；地方标准主要的如上海市制定的《上海市饮用水清洁标准》和《饮用净水标准》、江苏省颁布的《生活饮用水管道分质直饮水卫生规范》。

为了保障居民用水安全，我国政府多次结合我国的实际情况修订了饮用水卫生标准。现行的《生活饮用水卫生标准》（GB 5749—2006）是在原有的1985年颁布的《生活饮用水卫生标准》基础上，参考欧盟和WHO、美国等国际组织和国家的标准和2000年生活饮用水卫生规范和2005年建设部颁布的《城市供水水质标准》进行修订的，并且新标准从2012年7月1日起全面实施。《生活饮用水卫生标准》（GB 5749—2006）的全部技术内容为强制性，新标准中的水质指标从35项增加到106项，增加了71项，并对原标准的35项进行了修订。为了便于实施，新版的《生活饮用水卫生标准》的实施将检验项目分为常规检测项目和非常规检验项目，其中常规检测项目42项，非常规检测项目64项。在新版的饮用水卫生标准发布的同时，国家标准委员会发布了新的生活饮用水检验方法，为《生活饮用水卫生标准检验方法》（GBT 5750—2006）的实施提供了保障。

表5-5　　中国饮用水标准体系

名称	制定年限	级别
《生活饮用水卫生标准》	2006（GB 5749—2006）	国家标准
《地表水环境质量标准》	2002（GB 3838—2002）	
《地下水质量标准》	1993（GB/T 14848—93）	
《二次供水设施卫生规范》	1997（GB 17051）	
《城市供水水质标准》	2005（CJ/T 206—2005）	行业标准
《生活饮用水水源标准》	1993（CJ 3020—93）	
《城市用水分类标准》	1989（CJ 25.1—89）	

资料来源：笔者根据中国供水水质督察网的有关文件整理。

三　饮用水水质安全监管机构体制

我国饮用水安全实行“分部门、分级管理”的监管机构体制，对于各部门和各地区的管理范围和责任分工做出了相关界定。饮用水安全监管涉及环保部、卫生部、水利部、住建部等多个部门（见表5-6）。各个部门的“三定方案”，主要是与水和水质监管有关的职能。

表5-6　　中国饮用水安全监管机构职权分配

监管主体	监管法律依据	监管职权范围
城建部门	《城市供水水质管理规定》《生活饮用水卫生监督管理办法》《生活饮用水卫生监督管理办法》	城市公共供水及自建设施用水水质监管、规划区域水基础设施等

续表

监管主体	监管法律依据	监管职权范围
卫生部门	《中华人民共和国食品卫生法》《生活饮用水卫生标准》《生活饮用水卫生监督管理办法》《中华人民共和国传染病防治法》	监管涉水产品；监管自备井、二次供水水质
环保部门	《中华人民共和国水污染防治法》《中华人民共和国环境保护法》《饮用水水源保护区污染防治管理规定》	污染排放源、饮用水水源水质监测；突发水体污染事件处理
水利部门	《中华人民共和国水法》《水文条例》《取水许可和水资源费征收管理条例》	水源水质统一管理、饮用水功能区划与管理、水功能区水质检测、自备井管理等

资料来源：笔者根据有关法律法规归纳整理。

水利部主要负责水资源保护工作。根据国务院“三定方案”，组织编制水资源保护规划，组织拟订重要江河湖泊的水功能区划并监督实施，核定水域纳污能力，提出限制排污总量建议，指导饮用水水源保护工作，指导地下水开发利用和城市规划区地下水资源管理保护工作。其执法的法律依据主要是《中华人民共和国水法》《水文条例》《取水许可和水资源费征收管理条例》等。

环保部主要负责监测污染物排放、监管饮用水水源保护区、水功能区划，重大水污染事件处理等，其执法的主要法律依据是《中华人民共和国水污染防治法》《中华人民共和国环境保护法》《饮用水水源保护区污染防治管理规定》。

卫生部主要负责全国饮用水的卫生监督工作，负责饮用水公共卫生监督、防止和控制疾病的蔓延，并审核供水部门的水质资料等，其执法的主要法律依据是《生活饮用水卫生监督管理办法》规定。

建设部负责城市供水水质监督检查工作。根据《生活饮用水卫生监督管理办法》，建设部门负责建立健全城市供水水质检查和督察制度，对本规定的执行情况进行监督检查；《城市供水水质管理规定》

规定："国务院建设主管部门负责全国城市供水水质监督管理工作。"从监管职权纵向配置来看，国务院、省（区）、城市三级政府的建设行政主管部门分别负责全国、本省（区）行政区域和本城市行政区域的城市供水水质管理工作。省（区）人民政府建设主管部门负责本行政区域内的城市供水水质监督管理工作。直辖市、市、县人民政府确定的城市供水主管部门负责本行政区域内的城市供水水质监督管理工作。

四　城市供水水质督察制度

现行推进城市饮用水安全监管的主要制度创新是供水规范化考核和城市供水水质督察。为适应城市供水行业的发展变化，加强对城市供水企业的协调、监督和行业管理，建设部于1993年开始组建"国家城市供水水质监测网"，由"城市供水水质监测网"受政府委托行使水质监督管理职能。1999年颁布的《城市供水水质管理规定》以部门规章形式确认了"两级网三级站"管理体制的同时，还规定了"企业自检、行业监测、政府监督"相结合的城市供水水质管理制度，由"两级网三级站"具体实施对城市供水水质的检查和监督，建立了供水水质监督检查和通报、公告制度，完善了以建设部城市供水水质监测中心和36个重点城市供水水质监测站为主要成员的国家城市供水水质监测网。

2004年，建设部下发《关于开展重点城市供水水质监督检查工作的通知》（建城函〔2004〕220号），同年建设部组织开展了我国第一次城市供水水质督察工作，对全国36个重点城市的水质状况进行了监督检查。2005年，根据《国务院办公厅关于加强饮用水安全保障工作的通知》（国办发〔2005〕45号），建设部下发《关于加强城市供水水质督察工作的通知》（建城〔2005〕158号），要求各省、市政府城市建设、供水行政主管部门和建设部城市供水水质监测中心等有关机构，加强水质督察工作，确保居民饮用水安全。根据中央及国务院领导的批示，建设部又组织了一次对全国45个重点城市的水质检查，检查的重点是饮用水及其水源中的有机污染物。2006年，建设部组织修订了《城市供水水质管理规定》，增加了水质督察、应急管理、公众参与等内容，明确了各级政府建设行政（供水）主管部门在城市供水水质督察中的职责分工和工作机制，进一步强化了保障饮用水安全的政府监管职能。同年，国家发展和改革委员会会同水利部、建设部、卫生部等部门对全国120多个城市开展了饮用水水源有机物调查。与此同时，建设部还要求各地建立健全城镇供水预警和应急救援工作机制，成立应急指挥机构，建立技术、物资和人员保障系统，落实重大事件的值班、报告、处理制度，制定好城镇供水紧急情况应对预案。2007年，建设部发布第二次修改的《城市供水水质管理规定》（建设部第156号令）；同时，财政部正式设立“城市供水水质督察监测经费专项”。从此，水质督察工作有了经费保障，走上了规范化道路，此后每年都对全国城市水厂水质进行督察，将结果通报地方政府并要求整改。

2013年和2014年住建部分别发布了《住房城乡建设部关于印发城镇供水规范化考核办法（试行）的通知》（建城〔2013〕48号）和《关于做好城镇供水规范化管理考核工作的通知》（建城函〔2014〕1083号）两个文件，开始实施城镇供水规范化考核工作，通过规范化考核进一步督促地方政府和水务企业强化饮用水水质安全保障工作。

第四节　城市饮用水水质安全监管存在的问题

一　法律不完善与有效执法手段缺失

我国现行保障水质安全的相关法律法规体系不完备，立法严重滞后于加强政府监管的现实需求，同时现有法律法规的相关规定过于原则，可操作性差，缺乏保障法律有力执行所需要的执法手段和责任体系，导致现有的法律可操作性不够，有法不依、执法不严、违法不究的现象比较突出。

（一）法规严重滞后，水质安全监管缺乏专门的法律规定

目前城市供水水质监管的主要法律依据是《城市供水条例》《城市供水水质管理规定》等，由于部分法规的制定年代较早，20多年来一直没有进行相应的修订，其内容已经不适应目前的需求。根据国际经验，各国都制定专门的饮用水水质安全监管法律，对饮用水安全监管问题做出明确的法律规定。目前我国缺乏专门的《安全饮用水法》，相关规定分散到相关法律法规中，很多问题没有做出明确的法律规定，严重影响了饮用水安全监管。

（二）与现有饮用水水质安全的有关法律规定相关

目前关于保障饮用水水质安全的立法都分散于相关的法律法规、部门规章中，在部门主导的立法体制下，现行的法律法规更多体现了部门的利益，缺乏系统整体协调。这些相关法律的起草部门不同，在实际施行过程中难免会出现交叉重复甚至相互抵触，执法中产生诸多矛盾，严重影响了政府监管的效能。

（三）饮用水水质安全法律责任缺失，导致饮用水安全监管缺乏有效的执法手段

法律责任制度是法律运行的保障机制，是通过法律手段保护我国饮用水安全必不可少的重要环节。与发达国家相比，我国饮用水安全法律责任的相关规定无论从民事责任、行政责任还是刑事责任都比较薄弱，有些法律法规只提出了要求，没有规定违法时有关人员应负的法律责任。整体而言，现行法律法规关于饮用水安全违法行为法律后果的规定，处罚普遍偏轻，民事赔偿范围过窄，刑事制裁乏力。目前我国饮用水领域对违法责任的追究没有产生足够的威慑力，对于反复、多次违法行为以及偷排污行为缺乏严厉的制裁，影响我国饮用水保护工作的开展，严重影响了饮用水安全监管执法的威慑力。约束政府行为的法律制度不完善，无法体现政府是饮用水安全的主要责任主体，对于与饮用水安全相关的行政决策和行政执行行为，法律监督和制约制度也不够完善。

二　饮用水水质安全监管机构体制运行不畅

我国现阶段的饮用水安全监管属于“多部门分权监管”，治水工

作由水利部、卫生部、环保总局等14个相关部门承担，部门之间权责不清，缺乏各部门沟通与协作的联动机制，从而造成管理上政出多门，信息衔接不通畅，监督缺位与越位并存。水源水质监测包括环保部、水利部、城建部等；出厂水、管网水检测包括供水企业、技术监督、卫生防疫等部门；涉水原材料产品检测部门包括技术监督、卫生防疫等部门。部门间缺乏有序的信息传递方法，没有统一的检测项目编码体系、评价标准。部门之间缺乏充分及时的信息共享，出现信息黏滞和“信息孤岛”，严重不适应饮用安全系统监管的需要。

（一）水质监测机构的独立性相对缺乏

目前，城市供水监测机构基本是供水企业设立的，缺乏独立性。目前水质监测机构有三种形式：名义独立法人（即独立中介机构）、隶属于供水企业和隶属于城建公用部门。从监测机构人事及运营资金来源看，后两种情况不是独立中介机构，检测的公正性受到质疑。城市供水水质监测体系应由国家和地方两级城市供水水质监测网络组成，建设（城市供水）主管部门实施监督检查，并委托城市供水水质监测网监测站或者其他经质量技术监督部门资质认定的水质监测机构进行水质检测，以保证城市供水监测机构的独立性。

（二）水质督察制度的作用没有得到充分发挥

饮用水水质督察制度是行政主导体制国家保证饮用水水质安全的重要制度。欧盟的实践经验表明，其对推进饮用水安全监管发挥了重要作用。我国尽管引入了水质督察制度，但由于机关配套制度的不完善，其作用尚未充分发挥。

一是城市供水水质督察工作尚无法可依，缺乏明确的法律依据。

二是水质督察缺乏技术和经费保障，政府缺乏监测技术资源和规范化管理技术，水质监测和督察专项经费严重不足，难以适应城市供水行业引入市场机制和产权多元化背景下加强水质安全监管的需要。

三是地方城市水务的多部门管理体制制约了纵向权力的合理配置和体制有效运行，城市供水水源水质监测与原水水质监测分属不同部门，评价方法、评价标准和信息发布规则尚未统一。

四是信息不能及时共享，缺少工作程序和通报制度，全国城市供水水质信息系统正在建设中，供水行业水质数据信息还不能及时共享，整体监测能力得不到充分体现。

三　水质监测能力和风险防范作用严重不足

根据建设部颁布的《城市供水水质管理规定》，我国城市供水水质管理实行企业自检、行业监测和行政监督相结合的制度。城市供水水质主要检测标准是依据我国《生活饮用水卫生标准》，新国标的106项目中包含42项常规项目和64项非常规项目，64项非常规项目是地方可“选择性检测”的项目，这使得各地实施情况存在很大差异。按照国家规定，自来水厂指标检测有日检、周检、月检和半年检项目，每轮检测的范围不同，其中常规检测10项，月检测74项，半年检106项。

按照《生活饮用水卫生标准》的要求，为加强城市供水水质管理，国家城市供水水质监测网络监测站应该具备水质标准106项指标的监测能力，地方站至少应具备42项常规指标的监测能力。但根据住建部的统计，在43个国家城市供水水质监测站中，仅有12个具备水质标准要求的106项指标的检测能力；在190个地方城市供水水质监测站中，有超过170个监测站不具备42项常规指标检测能力。

目前城市供水企业普遍存在检测能力不足、检测设备不配套等问题，这导致全国仍有较大部分水厂难以开展全部项目的检测。按照《生活饮用水卫生标准》的要求，各个水厂应至少具备浑浊度、色度、臭味、肉眼可见物、余氯、细菌总数、总大肠菌群、耐热大肠菌群、化学需氧量、氨氮10项每日必检水质指标的能力。在全国超过4500座水厂中，具备1项每日必检水质指标检测能力的仅占22%，约78%的水厂不完全具备每日必检的10项指标检测能力，有超过3500座不具备日检能力，甚至其中有超过2000座水厂无任何检测手段。

即使目前一些城市的供水企业具备了相应的检测能力，但是由于缺乏有效的检测实施体制，造成现有的城市供水水质检测的安全保障作用弱化乃至失效。首先，目前我国城市供水水质监测机构大都隶属于供水企业，供水企业水质检查实际上是自检，没有独立性，其出具的水质检测报告缺乏可信度。少数政府购买服务的第三方检测机构，由于第三方检测机构追求经济利益缺乏有效的监督机制，一些地方出现供水企业花钱买水质检查报告的情况。其次，我国城市供水水质监管实行的企业自检、行业监测和行政监督相结合的制度，本质上是通过三方主体的紧密配合，实现饮用水安全的事前、事中、事后的层层设防和有效监督。但是，目前的情况往往是，企业自检、行业监测、行政监督都存在严重的不足，饮用水安全供应的最基本防范机制实效。

四 缺乏有效的饮用水水质安全问责机制

问责机制是保证水质监管有效性的重要保障。目前我国饮用水安全还缺乏有效的问责机制。

（一）问责主体缺失

我国行政问责的权力机关主要是指全国人民代表大会及其常务委员会，但是全国人民代表大会每年只召开一次，难以有效对政府是否有效履行环境责任进行监管，同时由于全国人民代表大会常务委员会有很多的立法事务，真正实施对政府问责的功能也有限；司法机关主要是指人民法院和人民检察院，由于相关的行政立法滞后，司法机关的问责功能却没有得到有效发挥，在发生重大污染事件后，相关领导人在“引咎辞职”后，往往没有承担相应的法律责任。目前，行政问责是主体，但行政问责的范围过于狭窄，而且由于行政问责往往存在复杂的政治博弈，使行政问责具有不确定性。由于缺乏社会公众对政府进行问责的法律规定，公众并不能对相关政府官员和企业进行监督。

（二）问责范围存在局限性

目前，我国饮用水安全问责的范围主要局限于重大安全事故发生之后，如果没有发生事故，就不会发生行政问责。有效的问责应该是全面的而不能不仅仅局限于发生重大安全事故后的事后问责，应该包括事前、事中等环节，比如规划不当、执行不力等。

五 信息公开和公众参与严重不足

水质信息的公开既是公众有效参与水质监管的前提，也是政府依法行政的前提。《欧盟水框架指令》指出水质监管中三个层次的公众参与：信息公开、公众协商、有效参与。

（一）近年来一系列水污染事件的发生以及政府处理过程凸显出信息公开严重不足

饮用水水质信息公平不足问题非常突出。如2005年11月13日下午，中国石油吉林石化公司双苯厂发生爆炸事故，造成松花江部分江段污染，11月21日官方才向公众发布消息，而且哈尔滨市政府在首次发布时还隐瞒了停水的真实原因，11月22日哈尔滨市政府才将停水的真实原因公之于众。哈尔滨市政府在前期对市民瞒报行为造成了当地民众对政府的强烈不满。2014年4月10日，兰州发生自来水苯含量超标事件，直到11日下午14时，也就是发现污染事故20小时后，兰州市政府才发布新闻通稿，在通稿中称“未来24小时兰州自来水不宜饮用”。由于兰州市政府没有及时公布信息，导致公众产生恐慌情绪，政府发布信息迟缓也引发了公众的不满和对政府的严重不信任。

（二）信息公开和公众参与的法律保障不足

虽然《中华人民共和国水法》和《中华人民共和国水污染防治法》都对依靠群众保护水环境、吸收公众参与水环境管理做出明确的规定，但是，由于没有国家层面的相关法规出台，地方在制定地方性法规时缺乏依据，以及现有法规缺乏详细的方法、程序和执法保障，导致信息公开和公众参与还没有取得实质性的进展，目前居民仍无法及时获取关于水质、水价、供水成本等的详细信息，一些政府部门和企业以保护国家机密或商业秘密为由拒绝公开相关信息。

（三）缺少公众参与的途径

目前公众参与虽然有了较多的形式，但随意性强，尚未形成有效的公众参与水质监督的机制，时间、方式、地点、范围一般都具有不确定性，部分活动仍流于宣传，时间限于节假日，活动频次低，与政府主管部门、供水企业交流的主要方式是电话、网络，由于许多地方仍未公示水质信息，普通百姓仍然缺乏了解水质信息的便利渠道。

第五节　加强城市饮用水水质安全监管的政策

一　完善饮用水水质安全监管的法律法规

（一）制定专门的饮用水水质安全法

国际上美国等发达国家都制定了专门的饮用水水质安全法，这是一个国家饮用水安全的最重要制度基础。目前，由于饮用水安全专门法律的缺乏，严重影响了饮用水安全监管的有效性。为此，应该尽早将生活饮用水安全问题列入国家立法日程，将饮用水安全上升到国家战略，早日制定并颁布《生活饮用水安全法》，提高饮用水水质安全的法律保障力度。

（二）完善现行饮用水安全相关法规

现有的饮用水安全法规，多数是部门规章，这些部门规章都是各部门根据各自的职责而制定的，在实际执行过程中存在着冲突和不协调的现象。因此，需要对相互冲突的部门法律进行修改和补充，最终形成一套能够与饮用水安全专门法律配套的法律体系。具体而言，修订现行的《城市供水条例》《水污染防治法实施细则》，编制或者完善《城市供水水质管理规定》《生活饮用水卫生监督管理办法》《城市供水企业资质管理规定》等行政法规、部门规章，为地方政府制定相应的地方性法规提供参考。

（三）强化法律实施

在制定饮用水安全专门法律的同时，还要完善法律实施程序，增强法律的可操作性。一是要在相关的法律法规中详细规定具体的执行程序，完善相应的配套法律制度，增强法律的可操作性和可实施性。例如建立饮用水安全监督制度、制定饮用水安全监测制度、健全流域生态补偿机制等。二是进一步加强全国人大和地方人大以及行政机关的监督检查。三是发挥公众、新闻媒体、民间组织的社会监督作用，监控和跟踪违法排污者、监督相关政府部门的执法行为。

二　健全饮用水水质安全监管机构体制

（一）建立有效的监管机构体制

目前，我国的水质监管机构主要有水利部、建设部、卫生部、环保部。这些部门在水质监管中，各有其侧重点。这几个部门在饮用水安全管理方面，都有各自部门制定的规章，法律效力等同，导致在实际执法的过程中部门之间出现不协调的现象，产生很多矛盾。因此，需要建立相对集中的城市水务监管机构，理顺部门间的职权关系和建立相关部门的协调机制，明确相关部门的行政责任，强化监督问责机制。

（二）理顺现有监管机构体制，落实责任分工

明确现有水质监管机构的职能，理顺现有的管理体制。水利部要做好水资源的统一管理，优化水资源配置，做好水源地的水质监测并加强流域管理；环保部要做好水源地环境保护工作，对于造成污染的企业，要依法查处；卫生部要加强对饮用水卫生的监督工作；建设部门要做好供水设施建设、安全和应急管理。要明确中央与地方政府的职责，明确地方政府保障本辖区内居民饮用水安全的职责。

（三）健全水质督察体系

首先，完善督察法律法规。在国家层面起草《城市供水水质督察条例》，建立城市供水水质督察法规制度，对城市供水水质督察的目标、原则、任务和组织等做出规定，强调水质安全的应急处理和公众参与等内容，或修订《城市供水水质管理规定》，适应新形势下对城市供水水质监管要求，明确城市供水水质督察组织管理体系。制定《城市供水水质督察技术指南》《城市供水水质督察工作程序》《城市供水水质督察通报制度》等督察操作层面的技术文件，完善督察的制度体系建设。

其次，理顺督察组织体制。合理划分中央和地方事权，形成中央、省（自治区、直辖市）、城市三级监管的组织架构，明确职能分工，确保各级城市供水水质监管机构在自己的职责范围内行使监管职能。

（四）创新水质监管体系，强化监管体系的效能

首先，进一步完善“企业自检、行业监测和政府监督相结合”的监管体系，建立“企业自检、行业自律、行政督察、公众参与”相结合的新机制。加强检测能力建设，探索通过互补协调、资源共享的途径，使供水企业满足新水质标准关于检测指标及频率的要求。通过进一步充实“两级网三级站”，形成层级式、网络化监测布局，基本实现生产过程水质控制和政府监管的全面覆盖，实现对水质安全的全面监管。

其次，将水质监测中心从自来水公司独立出来，财政部门给予其资金支持，使水质监测中心对监管部门负责，确保其独立性。同时，监管部门根据水质监测中心和水质监测站提供的水质信息，对供水企业进行定期和不定期的抽查。

再次，探索授权的独立监测站、委托的社会检测机构购买服务、监管机构与检测机构相分离等多种模式，建立第三方的独立检测体系，强化对水质检测机构的监督审查和违规处罚机制，增强检测机构和监测机构的独立性、客观性和公正性。

最后，强化水质监测新技术的应用，建立监测数据库，实现智慧监管。在完善现有理化监测的基础上，采用非传统监测技术，如水质自动监测技术、生物监测技术、遥感监测技术等。同时，建立水质监测数据库，及时上传水质监测数据，增强水质信息的采集和处理能力，并有效利用大数据技术进行数据挖掘分析，做到有效的风险防范。

三　加强饮用水水质安全监管能力建设

饮用水安全涉及城市水务纵向一体化的各个环节，需要采取综合性措施从水源保护、水处理过程、输配水等各个环节实行多级控制。

（一）加强水源保护和源头治理是保证饮用水水质安全的关键

治污为本，面对我国城市水环境污染的严峻形势，必须把治污作为摆脱水危机的关键战略，实行更严格的污水控制。要转变主要依靠末端治理削减水污染负荷的传统，促进从末端治理向源头减排、过程控制、末端治理和生态修复相结合的战略转变，实现水污染的全过程

控制和水环境的综合整治。控制和解决严重的水污染问题的关键，是要强化法律的实施，以促使工业企业和其他污染者更好地遵守法律，并加强城市工业污水和生活污水的处理能力。

（二）建立多级屏障技术

饮用水安全最佳的管理方法是预防性管理和多级屏障技术，实现预防为先。根据饮用水安全由“水源、供水、用水、排水”等基本单元构成的城市水循环系统，建立“从源头到龙头”全流程的水质监管，建立由水源保护、原水预处理、水厂净化、管网输配、二次供水等关键环节组成的饮用水安全多级屏障体系，推广应用水污染治理和水净化的关键技术，构建城市水污染控制与水环境综合整治技术体系，全面提升城市水安全保障水平。为此，需要加大水污染治理力度和饮用水水源保护，提高原水水质；加大对水厂工艺设备的技术更新和改造，提升水厂的自我检测能力，强化企业主体责任和水质保证义务；各地方政府要加强对城市输配水管网的改造力度，保证资金到位，责任落实；全面加强和改进二次供水设施的建设和管理，科学规划，明确责任主体和加强专业维护，增强监督检查力度；从而强化各级政府、各个经营主体和各环节监管部门的职责，形成饮用水水质安全的保障。

（三）提高饮用水水质监测水平

首先，加强国家城市供水水质监测网水质监测能力建设，各国家站监测指标达到106项，并具备开展水质监测科研的支撑能力，配置1个移动式应急监测实验室，建设1套覆盖本辖区的供水水质信息管理及应急支持系统，承检能力能够对全国城市供水水质督察工作提供有效支撑。

其次，推进地方城市供水水质监测网水质监测能力建设，各地方站监测能力覆盖42项常规水质指标，并具备对辖区内检出的非常规指标进行监测的能力，承检能力满足对辖区内城市供水水质每月进行一次42项指标的监督检查。

最后，提高水厂水质自我监测能力，强化自我检测责任。各水厂具备日常质量控制的10项指标检测能力，以及对本水厂检出、需要加强控制的其他指标进行监测的能力。

(四) 实施有效的饮用水安全风险管理

饮用水供应风险评估和风险管理的整体性方法能增加人们对饮用水安全的信心。饮用水水质安全的风险管理是指基于风险评价，用有效的控制技术和适当的管理措施，使饮用水水质的健康风险降低到安全度以内，从而保护居民的身体健康。风险管理方法需要对饮用水供应的全过程（即从水源一直到消费者）进行系统评价，同时确认风险管理的方式，包括确保控制措施有效发挥作用的方法。风险管理分为风险源识别、风险评估和相应的减缓措施三部分。风险源识别通常采用头脑风暴法、核查表法；风险评估方法主要集中在风险概率估计以及风险后果评估两个方面。饮用水水质安全的风险管理应涵盖水源地管理、饮用水处理技术的选择和水质分级风险控制三个方面，并建立“从水源到客户的饮用水供应链”全过程风险管理，即从集水区、水源地、水处理厂、配水管网、用户终端进行综合评价与管理全过程，代表了城市饮用水风险管理发展的趋势。

四 建立有效的饮用水水质安全问责制度

(一) 完善行政问责机制

首先，明确各行政问责主体的权限，行政问责包括“同体问责”和“异体问责”，前者主要是指来自国家行政机关内部的问责，其问责主体主要是行政监察机关和公务员的任免机关；后者是指来自其他国家机关的问责，其问责主体包括国家权力机关和国家司法机关。

其次，扩大行政问责的适用范围，行政问责的对象不仅要包括地方政府部门和相关领导人，还要包括一般的行政公务人员。

(二) 建立饮用水安全集体诉讼制度

由于政府和供水企业的失职或者不作为，导致公众利益受损，目前由个人提起诉讼的方式往往面临诸多法律障碍。可以借鉴国外采取集体诉讼或公益诉讼的方式，受饮用水安全事故影响的公众可以提起集体诉讼，或者有关机构和组织对违法企业提起公益诉讼，来使受害者获得应有的补偿并有效惩戒违法者。同时，有效司法诉讼机制也离不开检察机关的支持起诉。支持起诉是指机关、社会团体、企事业单位对损害国家、集体或者个人利益的行为，可以支持受损害的单位或者个人向人民法院起诉。

（三）完善赔偿机制

关于水污染损害的赔偿，我国在民事法律和环境法律相关方面都有所规定。《中华人民共和国民法通则》第六章第一百二十四条规定："违反国家保护环境防止污染的规定，污染环境造成他人损害的，应当依法承担民事责任。"《中华人民共和国水污染防治法》第八十七条规定："因水污染引起的损害赔偿诉讼，由排污方就法律规定的免责事由及其行为与损害结果不存在因果关系承担举证责任。"同时，法律也规定在水污染损害赔偿方面产生纠纷，可以申请行政机关协调处理，也可向法院提起诉讼。但是，我国环境侵权民事赔偿责任一直适用的是补偿性赔偿，即将被侵权人实际损失作为衡量对侵权人赔偿的标准，不曾允许惩罚性赔偿原则的适用。现有的赔偿方式难以实现对受害人的救济和侵权人的惩罚，因此在处理环境侵权案件时，应该采用惩罚性赔偿原则。

（四）对严重违法行为引入刑事责任

依据国家有关法律，对于造成严重应用水安全事故并造成重大社会损失的单位和个人要依法追究相关责任人的刑事责任。对多次、连续违法的，应当实行"按日计罚"；对严重的偷排行为，污染饮用水源的，应当按危害公共安全行为论处，给予治安处罚或者追究刑事责任。

五　加强信息公开，提高公众参与度

饮用水事业的开放性和公益性决定了公众参与的重要性，而公众参与度的高低很大程度上取决于饮用水信息的公开程度，因此要提高公众的参与度，在完善公众参与保障制度的同时，供水企业以及政府相关部门也要加强信息公开。

第一，通过立法明确将信息公开作为政府、企业和相关主体的强制性义务，定期发布水质状况报告或公报。供水企业应该定期公布水质相关信息，提供给需要的企业和公众，以便于公众及时了解水质信息。监管机构要加大对城市自来水厂的水质监测力度和信息收集，并及时公布不合格水质信息，定期发布水质监测报告。按照《城市供水水质数据报告管理办法》的要求，结合当地城市供水水质现状，定期在网站、报纸、电视等主要宣传媒体上发布周检、月检、季检、年检等检测结果。每年度有水质状况评价报告。评价报告应由政府部门出具，对供水企业水质状况进行全面评估，包括水质指标检测结果的变化发展情况、重要的水质事故和处理情况、不同供水企业的水质情况比较，以及进一步改善水质的建议等。

第二，完善公众参与制度保障。在《中华人民共和国水法》以及《中华人民共和国环境保护法》以及部门规章中，要赋予公众参与的权利，同时也要做出参与的各种途径的规定。切实保障公众的知情权、参与权和监督权。完善目前的公众参与水管理的形式，例如，听证会制度、公众信息会议等方式。

第三，建立由用户代表、媒体代表、社会组织代表等组成的“公众行动委员会”，并定期召开事务讨论会，针对水质相关事宜进行沟通，通报水质评价情况、投诉处理情况，通过用户代表和媒体了解百姓对供水服务的满意度，发挥公众民主参与和社会治理的积极作用。

第六章　城市水务监管机构治理体系

提供公共服务，促进社会公共利益，是政府的重要基本职责。强大的政府是保证城市水务等公用事业可持续发展和公民公平消费所不可或缺的制度保障，如果没有强大的政府，持续稳定的供给保障就难以实现，但是，强大的政府也会带来政府失灵的问题，政府监管机构的官员有可能利用手中的监管权来谋取私利，或者在受管制产业集团的俘获下成为特定利益集团的代言人，从而造成对公共利益的伤害。理想的政府是，政府既负责又有效，监管机构始终将公共利益作为最高目标，民众需要的服务能获得及时和高效的满足。为此，需要构建有效的监管治理体系，把权力关进制度的笼子，形成多元参与的监管治理体系。

第一节　监管失灵与监管治理

一　监管失灵与监管者

监管作为一种行政行为，并不能够独立于监管活动所涉及的各个利益主体，是不同利益主体博弈的过程。史普博（1999）指出，监管的决策过程实际上是被监管市场中的消费者、企业和监管机构之间直接和间接的互动博弈关系。监管的过程是由被监管市场中的消费者和企业，消费者偏好和企业技术、可利用的战略以及规则组合来界定的一种博弈。监管可以被视为消费者、企业和监管机构互相结盟并讨价还价的过程，它包括直接的互动关系和间接的互动关系。通过公开的法规制定和裁决听证，行政程序影响到监管机构与消费者、企业之间的直接互动关系。此外，通过国家最高权力机构、行政和司法的干预监督，在监管机构与消费者、企业之间还会发生间接的互动关系。

传统的监管公共利益理论认为，监管是弥补市场失灵的有效制度应对，政府监管是维护公共利益目标的重要政策工具。监管私利理论则指出，监管的行政决策过程通常会被产业界所左右，致使监管不仅无法有效约束垄断定价行为；相反，还会通过政府干预来支持垄断行为，从而出现监管过度和监管滥用的问题。因为监管决定了不同利益主体的利益，并影响其监管决策的行为和效果。由于监管行政决策的结构和不同利益群体的组织成本差异，往往那些组织较好的产业利益集团对决策的影响更大，而消费者等群体的影响力则相对较小。在缺乏有效制衡体制的情况下，这一问题会更加严重。斯蒂格勒（1971）指出，“监管是为产业所有者所有，并主要为其自身利益而设计、运行的”。[①] 因此，监管并不注定是一个维护公共利益的制度应对，监管也并不总是维护和体现公共利益。

尽管存在监管自由裁量权被滥用的风险，但是不应该据此消除监管自由裁量权。监管自由裁量权是行政专业化所必需的，是专家模式的内核融入了行政法法律原则当中。但是，监管机构享有的自由裁量权越多，可以用来证明其行为和政策正当性的法定授权就越少。因此，监管行政自由裁量权的存在是有其合理性的，监管体制设计不应是消除自由裁量权，而是要保证其合理的行使。韦德（1997）指出，“法治所要求的并不是消除广泛的自由裁量权，而是法律应当能够控制它的行使”。[②] 控制监管自由裁量权的第一个方案是放松监管，尽量压缩监管权的适用空间，完全消除监管权既不现实也不可能。

二 监管治理理念

全球治理委员会 1995 年发布的《我们的全球伙伴关系》研究报告对治理做出了如下界定：治理是各种公共的或私人的个人和机构管

---

① Stigler, The Theory of Regulation, *Journal of Economics and Management Science*, Spring, 1971, pp. 37 – 45.

② 韦德：《行政法》，中国大百科全书出版社 1997 年版。

理其共同事务的诸多方式的总和。它是使相互冲突的或不同的利益得以调和并且采取联合行动的持续的过程。它既包括有权迫使人们服从的正式制度和规则，也包括各种人们同意或认为符合其利益的非正式的制度安排，它有以下四个特征：治理不是一整套规则，也不是一种活动，而是一个过程；治理过程的基础不是控制，而是协调；治理既涉及公共部门，也包括私人部门；治理不是一种正式的稳定制度，而是持续的互动。为此，各国在实践中都提出了“良好治理”或“善治”的概念。善治就是使公共利益最大化的社会管理过程和管理活动。善治的本质特征在于它是政府与公民对公共生活的合作管理，是政府与社会之间的一种新型关系。善治包含传统善政和现代民主的基本要素，特别是法治、参与、公正、透明、责任、稳定、廉洁等，已经成为现代社会政治合法性的重要来源。

监管治理的概念是由莱维和斯皮勒（Levy and Spiller，1994）首先提出来的，他们强调监管治理安排与监管内容的区别，把监管作为一个涉及监管治理和监管激励两个方面的制度设计问题，并指出监管的有效性根本上取决于政治制度与监管过程的相互作用。[①] 他们将监管治理界定为社会采用的用来约束监管机构自由裁量权及其制度冲突的各种治理机制的总和。显然，监管治理主要是用来控制监管自由裁量权滥用行为，其主要对象是监管机构，监管治理的主体是社会而非政府，是社会力量限制行政权力滥用的制度安排，即监管治理提供了一种限制监管机构的行动范围以及解决这些限制所带来的矛盾和冲突的机制。正是基于这一概念，斯特恩（Stern，1999）提出了监管治理的六个原则，即目标清晰性、独立性、公众参与性、可问责性、透明性、可预见性。显然，这六个原则包括了监管机构设立、职权配置、政策制定、行政执法程序、问责机制、信息公开等多个方面。

1997 年，英国改进监管委员会提出了实现有效监管的原则：

① Levy, B. and Spiller, P. T., The Institutional Foundations of Regulatory Commitment: A Comparative Analysis of Telecommunication Regulation, *Journal of Law, Economics and Organization*, Vol. 153, 1997, (4), pp. 607 – 629.

（1）均衡性：监管部门应在必要时介入。补救措施应适合于形成的风险，相关成本应予以明确且降至最低。（2）问责性：监管部门应能阐明所作决策的理由并接受公众检查监督。（3）可预测性：监管部门采取的措施应长期保持基本不变（措施在理由充分的情况下才可以改变）。（4）透明性：措施和程序应依据明确的方法制定且应予以公开。（5）针对性：监管应针对存在的问题，也应最大限度降低副作用。（6）公开性：监管部门应听取生产者和消费者的意见、建议和投诉。（7）独立性：监管部门做出决策时不应受行政部门或行政领导制约，也不应被政治因素左右。（8）专业性：监管部门应配备强干的专业人员，具有完成良好监管的专业技能。2000 年，英国改进监管委员会在其发表的“良好监管的原则”中进一步提出了监管治理应遵循的基本原则为透明性、可问责性、均衡性、一致性和针对性。

OECD（2014）发布的《监管机构的治理》报告提出监管机构治理体系的七个原则（见图 6－1）：（1）明确定位。即通过立法对监管目标、机构职责、机构权力等做出明确的规定，并具有良好的跨部门协调机制，即实现职权法定、权责明确对等和部门间运转协调。（2）防止外部不恰当干涉和维持可信度。确保监管机构独立于政府和产业利益集团，保持决策的独立性。（3）独立决策和内部治理。建立以委员会制为核心的监管机构决策机制，并建立有效的监管机构内部治理机制，具有长期可信的承诺。（4）问责性和透明度。建立以监管政策评论、利益相关方（主要是相关政府部门、受规制企业和受规制影响的公众）上诉机制为核心的监管问责机制，并确保信息公开。（5）公众参与。建立制度化的利益相关者参与机制，包括政策制定、政策实施和政策评价的全过程，同时又有效防止监管俘获的发生。（6）资金充足。监管机构具有独立、稳定、充足的资金保障，并规范合理地使用资金。[①]（7）绩效评价。明确监管绩效评价的内容、指标体系，并有效使用绩效评价结果。

---

① 在制度条件不具备的情况下，不要实行通过向被监管企业收取服务费的方式来保证所需经费，行政预算拨款更能保证监管治理的有效性。

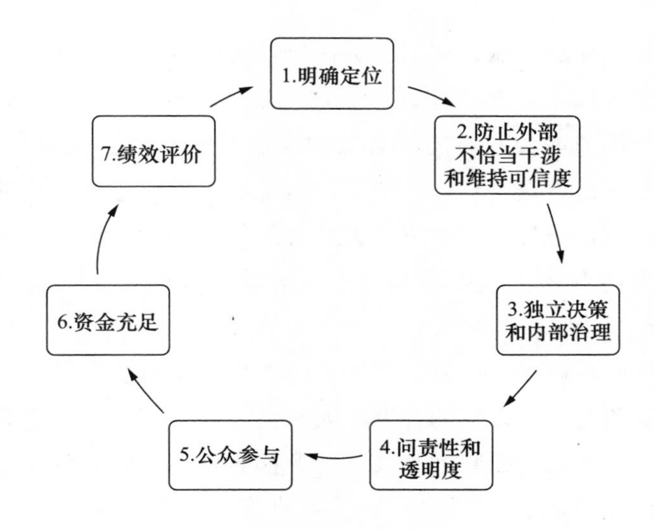

图 6－1　OECD 监管治理最佳行动指南

第二节　城市水务监管多元监督治理体系

一　政府监管监督治理体系

监管治理制度决定了监管机构如何履行监管职责。监管治理分为外部治理和内部治理，外部治理主要是立法机构、上级行政机关、司法部门和社会监督机制，这主要通过国家层面的立法明确外部监督治理机制；内部治理主要是通过制度设计确保监管机构的有效运行，具体包括组织机构设计、机构职权配置、监管行政程序、预算管理、部门规划管理、监督问责机制和绩效管理等内部治理机制。显然，内部治理机制主要是监管机构的组织制度设计问题，相关内容在本书的第三章已经有所论述，本章重点分析监管的外部治理机制问题。

监管行政过程应该受到立法、执法及司法三方面的控制。传统的控制机制更多地强调实体控制，核心是立法监督和司法审查，现代的监管体制构建理念更多地强调通过程序控制来塑造有效的监管权治理结构。立法机关决定独立监管机构的目标、工作程序及其权力，监管机构通过授权立法、监督和实施法律以及行政裁决来执法。但是由于立法机关的授权不可能达到详尽，以及监管机构的多重目标和任务，仅仅是立法机关本身并不能够有效地控制监管机构滥用自由裁量权。监督层面，司法审查是核心。但是，由于法院没有监管机构的专业性优势，因此应该通过以司法审查为核心的相关制度设计，实现在尊重政府监管机构专业化权限的基础上，对监管权的行使行为进行有效监督。

监管自由裁量权的行使不可避免地被认为在本质上是一个立法的过程，对受监管政策影响的各种私人利益之间相互冲突的主张进行协调的过程。实际上，监管者和被监管者都有许多不同并且经常相互冲突的利益，简单的公共利益目标并不真实。监管机构作为民意机关（国会等权力机关或立法机关）的代理人，其行政行为的最终目标应以公共利益为目标，但可确定的、先验的、客观的“公共利益”并不存在，社会中只存在不同个体和团体的独特利益。因此，监管的公共利益目标并不是抽象的公共利益，公共利益实际上“具有多种利益组合而成之结构”，公共利益并非一个不可分的整体，而是许多不同利益之间的平衡结构。行使广泛的监管自由裁量权进一步促成对透明度或者公开性的需求，使所有的相关信息得以提供，监管政策的基础也因此得以明晰和强化。

监管应该具有包容性或者参与性的程序，以确保所有的利害关系人都能被赋予“发言权”，且保证监管决策的正当性。监管过程应该保持充分的透明度和保持充分的相关利益主体的参与，监管过程应该最大限度地让受监管决策影响的各种利益主体了解相关的信息，有机会参与决策过程，表达自己的观点，维护自己的利益。通过有效的负责任的渠道以及外部控制，监管机构行使广泛自由裁量权的行为更能为公众所接受。①

总体来说，监管治理体系包括立法监督、司法监督、行政监督和社会监督。立法监督主要是制定监管行政行为的基本原则，通过立法

---

① 卡罗尔·哈洛、理查德·罗林斯：《法律与行政》，商务印书馆 2004 年版。

进行授权，实行授权控制，属于事前监督。司法机关主要是事后监督，监督监管机构监管行政行为的合法性，实行司法救济。行政监督属于事中监督，国家行政机关对监管机构或者上级监管机构对下级监管机构的行政行为进行监督，对监管机构的行政不作为和滥作为行为实施行政监督。社会监督属于外部监督，是一种非正式的监督制度形式，主要是消费者组织、行业组织、公民组织、新闻媒体等社会组织和机构参与的监督，这要以信息公开作为前提，以有效发挥社会组织参与监管治理的作用为核心。同时为了保证监管决策的科学性和高效性，政府监管决策中应该积极利用外部治理资源，发挥专家咨询机构的专业优势，并以政府购买服务的方式来让第三方机构承担部分监管工作。

二　立法监督

立法授权监督是立法监督的基本。自由裁量权是造成监管行政权力滥用的重要原因，因此控制监管自由裁量权滥用的重要途径就是要求立法机关更为精确地表述其给予行政机关的指令。如果立法机关能够详尽说明监管机构应当遵循的政策，就可以缩小行政自由裁量权的实际适用范围，防止监管行政权的滥用。这就要求在明确的立法授权下，监管机构要依法行政，法无授权不可为即监管机构的行政执法活动必须在立法机关事先制定的法律规定范围之内。根据立法授权模式，当获得立法机关的明确授权，则应当支持监管机构的行为，但是监管机构超出法定职权范围之外的行使是不正当的，是一种越权行为。立法机关对监管机构的授权控制是立法机关通过调整授权范围、授权效力和监督监管机构立法决策的过程。授权控制属于事前控制，因为立法机关没有足够的时间和能力关注它授权的事项，而事后监督又成本过高。授权控制的实质是重新配置和界定立法机关与监管机构监管决策权，既授予监管机构的立法权，又使之受控于委托人给予的决策边界和决策原则。

行政过程监督是立法监督的重要实施保障。正当的法定程序可以防止恣意和价值混乱、保障理性的选择、促进意见疏通、排除外界干扰，从而实现实质性正义。罗尔斯（1971）对程序正义做了最为经典的理论阐述：程序公正的实质是排除恣意，法治取决于一定形式的正当过程，正当过程又通过程序来体现。巴利（2007）提出，程序的必要性在于，在立法机关不可能给出监管权及其具体监管案件的标准时，程序有助于增大监管机构所适用政策的内容与大多数公民的偏好保持一致的可能性。季卫东（1999）指出，行政程序法制化的根本作用是防止恣意滥用，保障理性选择。授予监管机构自由裁量权是必需的，在此情况下，为了保证自由裁量权的合理行使，法定程序是最好的办法，因为法定程序排斥了恣意却并不排斥选择。法定程序是更好地保障相对人合法权益的制度安排。合理的法定程序不仅可以为遭受行政行为侵害的相对人提供依法请求救济的途径，而且更重要的是还给公民直接了解、参与行政行为提供途径，防止和消除侵害行为的发生。民主政治的理性就在于程序的理性，尤其表现在程序的正义上；如果程序不够周密或有违正义，就无法达到真正的民主政治，因此，民主社会特别强调程序的价值，程序的优先性及程序公平也成为法治最重要的原则。一般来说，各国法律都规定了相应的程序性规定（表现为《行政程序法》），以规范相关利益集团的活动。与之相对应，在监管过程中，消费者和厂商两个利益集团遵守、利用程序影响监管机构以及监管机构遵守、利用程序获取自身利益的过程就是程序的过程性。

三　行政监督

行政监督是政府上级主管部门对下级监管机构的监督，它是一种行政层级之间的监督体制，是保障监管有效的一种日常基础性监督。行政监督包括事前、事中、事后的监督，事前监督主要是完善立法和相关制度，事中监督主要是行政过程监督，事后监督主要是行政问责。这里我们主要探讨上级对下级的行政问责。从监管主体来看，根据我国现行的行政监督体制，政府对我国城市水务行业的行政监督体系包括专门机构的监督、上级城市水务监管部门对下级城市水务监管部门的职能监督。政府进行行政监督的目标就是通过对下级行政机关的行政监管行为的监督，来防止监管的失误或纠正监管的偏差，从而对政府监管行为做出约束，保障政府监管在城市水务行业能够依法有效科学地推进和实施。

行政监督实质就是以行政权制约行政权的职能监督。由于城市水务投资大、周期长并实行市场准入和价格管制，在市场化改革过程中，在相关的法律法规不健全和监管失灵的情况下，不完善的制度体制会给监管部门及其工作人员带来较大的“寻租”空间。城市水务行业政府监管行政监督通过完善相关的法律、法规和设立制度规范，制定城市水务行业的监管准则，加强对违法违纪行为的查处，使政府监管行为规范化、制度化，防止监管失误和纠正监管偏差，从而保障城市水务行业政府监管的科学民主，切实提高政府监管的效率和质量。

四　司法监督

司法监督主要是司法审查，司法审查主要包括如下三个方面的内容：第一，形式合法性审查，即审查监管机构的具体行政行为是否遵循了法定的程序和依法定形式做出；第二，实体合法性审查，即监管具体行政行为的做出是否存在越权、是否遵循实质性证据标准、是否正确地适用了法律和是否存在滥用职权的行为；第三，行政法规合法性的审查，即监管行政法规是否与上位法律相抵触。

司法监督是现代法治国家普遍设置的监督制度，是指司法机关通过对立法机关和行政机关制定的法律、法规及其他行使国家权力的活动进行审查，宣告违反宪法的法律、法规无效及对其他违法活动通过司法裁判予以纠正。司法审查的对象是所有的行政行为，包括行政决策行为和制定规则的立法决策行为。司法审查的深度不仅包括行政行为的合法性，还涉及行政行为所依据的事实、程序和行为内容的合理性。概言之，国家司法审查的制度效果是全面控制行政机关的行政活动，实现行政争议和救济的司法最终原则。司法救济的实质是司法权制约行政权，其理论基础是宪政上的分权制衡原理。在近现代宪政国家，行政权原则上都要受到司法权的制约。同时司法审查又是由司法权的被动性、中立性、最终性等特点所决定。因此，一般把司法机关作为实现法治的最后一道屏障——司法外救济。

自从监管机构设立以来就进入了司法审查控制范围。因为司法权作为约束国家权力的最后防线，是最为有效的“权力制约权力的模式"。首先，在国家权力结构中，监管权与司法权虽同属执行权，但它们之间本质的区别在于：司法权是判断权，而监管权是管理权。相对于行政权，司法权具有被动性、单向性等特点，这些特点使其具有不可替代的监督作用。被动性保障了监管机构独立决策的空间和正常的监管效能，避免了司法权对监管权的侵犯和越权；单向性保障了法院对监管活动的控制效果。其次，监管自由裁量权滥用的风险与司法权中立性构成了司法控制的现实基础。监管自由裁量权滥用的风险是为利益集团或自身利益"寻租"，使监管决策丧失应有的公正性。法院以第三方中立地位、以社会公共利益为核心，协调监管机构与他方的利益冲突，可使司法审查提供纠正不当监管决策的制度能力。司法审查的内容通常关注监管的合法性和合理性，"当前的决策与先前的决策是否相一致，监管执行是否考虑了所有的重要因素，并用最佳的数据作为决策的基础，由此降低监管机构根据特殊标准满足某一利益集团体需求的能力"。[①] 而且，立法机关与司法机关的监督构成了两种不同特点、相互补充的控制制度工具。司法机关通过特殊的证据程序可以弥补信息不足，并使信息成本通过举证制度分散在信息相对垄断的监管机构，填补信息不足，提高监督的有效性。可见，在监管过程中，司法审查对实现监管的公共利益目标具有突出的意义。

尽管司法审查具有重要的监督作用，但是，司法审查只能监督监管机构的权力行使，而不能代替监管机构行使权力。法官对于监管机构合法行使权力的行为及其专门知识和经验应该给予充分的尊重，不能妨碍行政效率的发挥。法院在做出判决前首先要受理案件，法院并不是对任何人、在任何时候提起的案件都受理，需要确认原告的资格、法院介入的时机、对行政管辖权和行政救济的尊重等。因此，法院在受理司法审查时主要考虑下列原则：合格当事人原则、成熟原则、穷尽行政救济原则和首先管辖权原则。[②]

五　社会监督

社会监督是实现政府有效监督、促进社会民主、保障城市水务行

---

① 穆雷·霍恩：《公共管理的政治经济学》，中国青年出版社 2004 年版。

② 王名扬：《美国行政法》，中国法制出版社 2005 年版。

业的发展符合公共利益的一项重要制度保障。社会监督就是公民、社会团体、新闻媒体等依据我国宪法和法律对城市水务行业监管的合法性、公平性等进行的监督。按照不同社会监督主体，可以将社会监督模式划分为三大类：一是公民监督，指公民个人依据我国的宪法和法律所赋予的公民权利，对国家机关及其工作人员的工作进行监督。二是舆论监督，指公民依据我国的宪法和法律所赋予的权利和自由，通过报纸、杂志、广播、电视、网络等大众传播手段，对监管机构及其工作人员提出建议、批评、评价。三是社团组织监督，包括消费者协会等社会组织的监督。

监管的过程是被监管市场中消费者、厂商和监管机构互相结盟并讨价还价的过程。因此，和所有的决策过程一样，监管的过程本质上是一种利益竞争和选择的过程，监管决策权力的配置实质上是“话语权”的分配。依据行政法中的平衡理论，监管体制设计不是消除或压制某一方的利益，而是应该为监管机构和相关利益主体提供良性互动的平台。通过行政法为监管提供一定的程序和机制，使各方有可能充分表达自己的利益主张，为监管机构和相关利益主体合理的利益主张的实现提供渠道和保障。因此，监管权的程序控制不但具有为相关利益主体的利益得到代表并得以实现的功能，还具有保护相关主体利益协调发展和实现社会正义的功能。

城市水务行业政府监管的社会监督是现代监管治理体系的重要组成部分，社会监督具有以下两个基本的功能：首先，导向功能。城市水务行业涉及社会公众的利益，公民和社会团体密切关注该行业的发展，这使他们能够积极主动地参与到监督政府监管者的活动中。只有让权力的主人对委托出去的权力实行有效的制约，才能保障委托出去的权力得到正当的运行。积极广泛地参与社会监督能及时反映公众的意愿和诉求，为相关部门科学制定监管决策、依法公正实施监管，保证政府监督权能科学有效的行使具有不可替代的作用。其次，防范和矫正功能。为了防止和减少政府监管者与城市水务企业之间的“寻租”、合谋等不良行为和防止监管机构及其工作人员滥用监管行政权力，就必须进一步建立健全对政府监管的社会监督机制，确保政府监管信息公开和监管决策的公众参与，从而确保政府监管实现公共利益目标。

第三节 城市水务监管治理体系的薄弱性

党的十八届四中全会发布的《中共中央关于全面推进依法治国若干重大问题的决定》明确指出："要强化对行政权力的制约和监督。加强党内监督、人大监督、民主监督、行政监督、司法监督、审计监督、社会监督、舆论监督制度建设，努力形成科学有效的权力运行制约和监督体系，增强监督合力和实效。"由于长期以来中国城市公用事业的监管都是采取计划行政管理体制和党领导下的行政主导社会治理体制，缺乏现代监管的多元监督治理体系，造成城市水务监管治理体系的薄弱。

一 立法监督严重缺失

依法行政和依法行使监管权是监管机构运行的根本原则。因此，需要通过立法明确监管机构的法律地位、监管目标、职责范围、工具选择、监管程序等，为规范、控制以及评估监管机构的行为提供根据。首先，立法监督需要建立完备的政府监管法律体系和部门行政规章的审查机制。为了规范监管机构的授权立法行为，各国都对监管机构的授权立法的宪法基础和立法原则做出规定，并建立了监管法规的日落条款和审查机制，防止部门主导的立法模式和监管立法权的滥用。其次，国家立法机关还建立了对监管机构的预算控制、人事控制和绩效控制等多种控制机制，防止监管权被滥用。根据我国《监督法》，各级人民代表大会及其常委会的立法监督主要体现为三个方面：一是对城市水务行业监管工作的监督；二是对城市水务行业监管的法律监督；三是对城市水务行业监管的人事监督。具体的形式包括：听取和审议政府监管工作报告、对政府监管实行预算监督、对政府监管法律法规执行情况进行检查、对有关监管文件进行备案审查、对监管中的专门问题进行质询和调查等。

由于相关制度的不完善，目前我国立法监督的作用没有得到有效发挥，立法监督相对弱化，迫切需要加强立法监督。各级人大及其常委会对城市水务等公用事业行业立法监督不足主要是由于以下几个原因：一是立法监督的法律缺失。目前，对于各级人大及其常委会如何对城市公用事业监管进行监督还缺乏更具体的法律规定，并且也缺乏基础性《城市公用事业法》来与人大的有关法律规定相衔接。二是各级人大缺乏实行制度化监督的能力。由于目前各级人大的代表并不是专职工作，各级人大常委会数量少，其承担的工作比较繁重，无法保证对城市公用事业监管实行常态化监督，随机的监督形式较普遍，并且更多的是在出现重大事件之后的事后监督，无法起到对政府监管的有效监督和防患于未然的作用。三是立法监督缺乏明确的程序规定。根据立法法和地方组织法，地方人大常委会有权对越权、违反上位法等规章予以核销，县级及以上人大常委会有权撤销本级政府不适当的决定和命令，但是现有的法律没有对应该由谁来启动审查程序、通过什么方式启动等做出规定，限制了各级人大行使立法监督权。四是立法监督还缺乏有效的问责手段。有效的立法机关法律问责机制是保证立法监督权落实的根本，但是，目前我国法律尚未对该问题做出明确的规定。

完善各级人大的立法监督，首先，应该重点通过完善立法，进一步明确各级人大的立法监督权、立法监督的程序、立法监督的法律责任，建立符合中国政治和行政体制现实的立法监督机构和监督机制，从而建立有效的立法监督制度体系。其次，加强和改进城市公用事业立法制度建设。健全有立法权的人大主导立法工作的体制机制，发挥人大及其常委会在立法工作中的主导作用。要完善城市公用事业政府监管行政法规、规章制定程序，完善政府立法机制和人大的行政立法审查监督机制，从体制机制和工作程序上有效防止部门利益和地方保护主义法律化。最后，完善行政组织和行政程序法律制度，推进城市公用事业监管机构的职能、权限、程序、责任法定化。

二　行政监督的有效性较差

中国现有行政监督制度目前还没有形成统一、规范、透明的制度模式和运行机制，主要体现在以下几个方面：首先，上下级之间的职能监督缺乏有效的激励。在监督的实施过程中，由于受部门形象观、利益观、政绩观等因素的影响，导致上级对下级部门的监督往往显得很被动，不愿和不敢主动暴露自身系统内存在的问题，因此行政监督容易流于形式。其次，对行政不作为和行政乱作为的监督不够。现行的行政监督主要聚焦于权力运行中出现的腐败和“寻租”等问题，而对行政自由裁量权滥用缺乏足够的监督问责机制。对于一些监管部门做出的错误决策及其造成的社会损失缺乏有效的问责依据和问责手段。再次，行政监督同样面临严重的信息不对称问题。行政监督对城市水务行业监管者的日常行政执法行为很难做到有效的监督跟进，同时对于城市水务监管的评价也面临严重的信息不对称，由此造成行政监督往往是事后纠错式的行政处罚机制，尤其是往往行业出现重大问题或安全事件之后，上级监督部门才会及时介入。最后，行政监督过程的开放性不够。城市水务行业直接涉及社会公共利益，但是，很少有城市水务行业的监管者主动发布关于水质、企业运营成本、企业盈利状况等相关的监管信息，行政监督的监督过程、监督内容和监督结论都是“暗箱操作”，其公正性往往无法得到公众的认可。

中国城市水务行业监管行政监督体系的构建应该重点围绕以下几个方面：首先，行政机关要坚持法定职责必须为、法无授权不可为，坚决纠正不作为、乱作为，坚决克服懒政、怠政，坚决惩处失职、渎职。行政机关不得法外设定权力，没有法律法规依据不得做出减损公民、法人和其他组织合法权益或者增加其义务的决定。推行政府权力清单制度，坚决消除权力“设租”“寻租”空间。其次，加强行政监督。加强一般监督，依法由行政机关系统内部实施的上下级之间、平级之间所进行的一种经常性的工作监督，通过这种经常性的工作监督，保证行政行为合法、合理和高效。具体来说，要加强国家水务主管部门对城市水务行业监管机构业务监督和监管督察；要加强上级人民政府对所属的各监管部门和下级人民政府监管机构的监督；要加强各级监管部门的主要负责人及其部属的监管行为的监督。创新行政监督中的专门监督机制。专门监督是由法律规定独立行使监督权的行政机关对其他行政机关及其工作人员的行政行为实施的监督。专门监督一般分为：行政监察，由行政监察部实施；审计监督，由审计部门实施。最后，建立监督协同机制。行政监督的协调机制就是要通过明确划分各种监督机制的功能和责任，界定不同层次、不同主体的监督机制的职责权限，加强监督总体规划和避免各种监督机制的相互冲突，进而使各种监督机制发挥积极性、主动性和创造性，增大监督系统的合力，充分发挥监督系统的总体功能。城市水务行业政府监管的行政监督要充分发挥本身具有的行政权力优势，加强各监督主体的整合，建立各监督部门之间的联系制度，构建各监督部门参加“监督协调委员会”之类的机构，对监督过程的协调，使各监督主体在监督过程或在有些案件受理、调查、移送、处理等方面能互通有无、互相配合、协调关系，使隶属各系统城市水务行业政府监管的各类监督主体形成合力，促进行政监督的整体功能的发挥，充分实现行政监督的监督效果。

三　司法监督相对缺位

司法监督包括具体行政行为监督和抽象行政行为监督。法院监督城市水务等公用事业行业政府监管的司法审查包括监管行为合法性审查、监管正当程序审查、具体监管行政行为审查。司法机关有权依法对行政机关及其工作人员的行政行为、权力、职能是否合法进行监督。但由于相关制度不完善，司法审查存在立案难、审判难、执行难的制度性障碍。具体来说：首先，司法审查范围过小。现行行政诉讼法规定的法院受案范围过于狭窄，司法审查的“口径”过小。根据《中华人民共和国行政诉讼法》（以下简称《行政诉讼法》）的有关规定，法院只能就具体行政行为的合法性进行审查，只有在行政处罚显失公正时，才可以对其合理性进行有限度的审查，做出变更的判决。由此造成无法对合理性进行审查，无法对大量的抽象行政权滥用行为进行约束。同时，公民、法人或其他组织的诉讼利益仅限于“人身权”和“财产权”，而其他合法权益一旦遭受行政行为的侵害，则找不到恰当的救济途径。其次，司法监督的独立性不够。在现行体制下，地方法院的人、财、物都受制于地方政府，一些地方政府党政官员出于各种目的来干预法院的司法活动，使一些案件不能判、不好判、不敢判，造成一些案件久拖不决或错误判决，影响了相对人对“民告官”的信心，不愿提起行政诉讼，未能有效发挥司法终局解决行政争议的作用，影响了司法监督的效果。

2013年中共中央发布的《关于全面深化改革若干重大问题的决定》强调指出：深化司法体制改革，加快建设公正高效权威的社会主义司法制度，维护人民权益。为更好发挥司法监督的作用，应该重点做好以下几个方面的工作：首先，修订完善《行政诉讼法》，扩大和明确法院的司法审查范围和权限。应进一步修订完善《行政诉讼法》，将抽象行政行为纳入行政诉讼受案范围之中，法院应当享有对部分行政法规及所有的抽象行政行为的司法审查权；明确界定当事人的资格标准，让有资格的当事人参与司法审查；创新行政审判体制和审理程序。其次，推进依法治国和建设法治国家，实现中国式的司法独立。推进依法治国，去除地方化，排除地方党委、政府对司法的干预，推动省以下地方法院、检察院人财物统一管理，加强和规范对司法活动的法律监督和社会监督，确保各级法院公正执法，维护社会公平正义。最后，健全司法审查的实施机制和救济方式。创新和改革司法审查的实施机制，通过立法进一步细化司法审查的实施机制，强化对违法行为的司法处罚，保护诉讼当事人的司法诉讼权益。

四　社会监督严重不足

目前，我国城市公用事业政府监管社会监督明显不足，社会监督多停留在自发、分散、无序的状态，甚至演变成重大的群体性事件。社会监督的不足主要体现在以下四个方面：首先，公民缺乏主动监督的现代公众参与公共决策的意识。目前，大多数公民还缺乏现代公民意识，在很多情况下，公民利益受损时，不是依法通过法律、司法等多种渠道来维护自身利益。其次，公民监督缺乏法律保障。目前由于相关的法律和制度不完善，以及政府部门的抵制和排斥公众监督，甚至造成公民不敢监督的问题，造成我国社会监督权虚化，主要表现在社会力量不够强大、社会监督地位模糊等方面。再次，公民社会监督面临严重的信息障碍。公众参与政府监管监督的基本前提是确保对政府监管的知情权，目前中国城市水务政府监管信息公开严重不足，对涉及百姓切身利益的建设规划、供水成本和价格、饮用水水质、监管机构的预算执行等诸多问题都没有及时全面地向社会公开，造成公民无法对其实施有效的监督。最后，公众参与监督的途径相对缺乏。尽管各个地方利用现代互联网平台开通了一些吸收公众参与的途径，但是总体来说，还缺乏治理有效的制度化公众参与监督途径，各种公众参与途径的政策影响机制、政策作用效果等都不明确，从而造成现有的大多数公众参与监督方式都流于形式，无法起到监督治理的作用。

中国城市水务行业监管社会监督制度创新是实现民主化监管和推进公民社会建设的重要内容，逐步推进城市水务行业监管的社会监督机制建设应该重点突出以下几个方面：首先，强化公民监督意识。逐步培养公民具有现代民主政治参与的社会主体意识、法制观念和合作意识。应逐步完善保障公民社会监督的法律制度，努力构建一个全方位、多渠道、多层次的社会监督体系，通过社会监督以及政治参与，通过经常性的民主和监督活动，使公民对民主制度由陌生到接受并逐步发展成为政治习惯，从而使社会监督意识发育成熟。其次，创新社会监督方式，畅通公民监督的渠道。公民监督渠道畅通是公民实现表达意愿的前提，也是实现公民有效社会监督的基础。因此，在现有的基础上，可以进一步完善听证制度、群众评议制度、信访举报制度、网络评价监督制度、舆情报告制度等。再次，健全社会监督激励。要对公民监督权给予足够的维护，鼓励社会公民自觉参与监督。建立完善监督贡献的认定和回报制度，对监督有突出贡献者进行一定的物质奖励和精神的支持，在整个社会慢慢营造良好的监督环境和氛围。最后，从长期来看，要转变社会治理观念，完善相关立法和制度，引导社会组织的发展，充分发挥公民社会组织在监督政府监管行为和社会治理中的积极作用。

第四节　城市水务行业监管的信息公开

一　信息公开是公正监管的制度保证和有效治理的基础

（一）信息公开是对法治政府的最基本和最起码的要求，也是实现法治政府的最有效的保证

信息公开可以使监管机构的权力行使运行在“阳光”之下，减少监

管机构被俘获和监管权被滥用的风险，使监管机构更多地为公共利益所行动。因此，现代法治政府都将信息公开作为政府公共行政行为的基本要求，并通过立法明确政府机构信息公开的基本义务。对于监管机构来说，建立信息公开制度可以使监管机构和社会之间形成一种互动，可以增强监管机构的公信力，提升监管机构的形象和促进监管绩效的改善。

（二）信息公开是实现公众参与和民主监管的前提

为了保证监管机构依法行政和实现公共利益，公民、法人和其他组织就有必要了解监管机构的行为，参与对其利益有重要影响的监管行政行为并对其进行必要的监督，防止其滥用，但这需要以公众和利益相关者获得有效的监管信息为前提。在信息缺乏和严重不对称的情况下，公众对监管决策方案可能会完全失去评价的能力。因此，建立面向公众的信息公开制度，提升公众的信息能力，是公民的基本权利，是民主社会的重要体现，它对于保护公民的利益和防止监管权的滥用具有重要的意义。

（三）信息公开是各国政府监管的普遍做法

世界各国的政府监管都将信息公开作为一个必不可缺的要素，并通过国家立法做出明确的要求，明确赋予公民的信息获取权，并对监管机构封闭信息的行为实行责任追究。欧盟各国的水务监管机构都建立了信息公开制度体系，包括定期发布水务监管报告，向公众提供详尽的关于水价、水质和供水服务质量的信息，并设立专门的内部机构或办公室来专门负责信息公开工作，以充分保障公民的知情权（见表6－1）。在法国等实行合约监管的国家，还在特许经营或租赁经营的合约中对企业的信息公开义务做出明确的要求，形成企业信息公开和地方政府信息公开的互补。

表6－1　欧盟主要国家城市水务监管中的信息公开

国家	信息公开的做法
英国	水务办公室定期向公众发布水务监管报告，向公众提供详尽具体的水务行业监管信息，以保证公众的知情权，并且设立专门的信息委员来负责处理消费者关于价格和服务标准的信息公开请求

续表

国家	信息公开的做法
法国	通过立法确保信息能够提供给消费者，并且设定政府文件咨询文员会来负责处理市民关于供水价格和服务水平的信息请求。市政厅的价格调整方案要向社会公布，地方政府有义务发布水务年度报告和水质监测报告。监管合约要求企业必须公开基本的经营信息，定期公开发布年度经营状况报告
意大利	消费者的信息获取具有法律保障；通过 ATOS 向消费者收集和传播信息，定期公开发布关于水价和服务标准等信息的报告；设立专门的机构处理市民关于价格信息和水服务水平信息的请求
荷兰	荷兰《信息自由法》规定监管机构、地方政府和供水企业要向消费者提供基本信息。历史上关于信息公开请求的争端都是通过仲裁和普通法法院来解决，现在供水企业协会负责提供一般的常规信息，地方政府和区域当局依法负责提供关于水务规划和政策的信息
西班牙	西班牙水务由地方政府负责，地方政府每年需要向地方议会报告年度水价和服务标准的变化情况。在授权经营的体制下，信息公开义务明确写进特许经营合同，该合同是正式公开的政府文件

资料来源：笔者根据有关国家法律和水务监管机构网站整理。

（四）信息公开是监管机构的基本职责

在城市公用事业监管过程中，信息公开包括两个方面：一是城市公用事业监管机构自身行政信息的公开；二是城市公用事业行业被监管企业相关信息的公开。信息公开制度是有效解决政府和公众、消费者和企业之间信息不对称的重要机制。从信息不对称的角度来说，监管机构很大程度上扮演了信息收集、信息加工和信息发布的角色，缓解信息不对称，提高监管的有效性，增强消费者的消费信心和对监管有效性、公正性的认同。

二　中国水务行业监管信息公开

（一）中国政府信息公开的现状与问题

信息公开是指监管机构掌握的信息要向公众公开。信息公开一般有主动公开和申请公开两种途径。目前，城市公用事业监管机构信息公开的法律规定主要有国务院 2008 年 5 月 1 日开始实施的《中华人民共和国政府信息公开条例》（国务院令 492 号）和国务院办公厅 2008 年颁布的《国务院办公厅关于施行〈中华人民共和国政府信息公开条例〉若干问题的意见》（国办发〔2008〕36 号），同时住房和城乡建设部依据这两部法规在 2008 年颁布了《供水、供气、供热等公用事业单位信息公开实施办法》（建城〔2008〕213 号）。目前，中国监管机构的信息公开尚没有制度化，监管机构的信息公开还严重不足。

第一，监管机构信息公开还缺乏有力的法律保障。对于监管机构的信息公开义务，世界各国都制定国家层面的基础性法律加以规定，以充分保证公众的知情权。目前，我国信息公开的法律规定主要是《中华人民共和国政府信息公开条例》，该条例只是国务院颁布的行政法规，由于其较低的法律位阶，当与《中华人民共和国保密法》《中华人民共和国档案法》相冲突时，自然要让位于法律，使得信息公开难以得到制度保障。由于没有一部基础性的《行政信息公开法》，监管机构的信息公开并没有强有力的法律保障，对监管机构的约束力还不强。同时，《中华人民共和国政府信息公开条例》由于缺乏相应的执行细则，给了政府较大的自由裁量权，法院也缺乏具体的立案与审判依据。

第二，信息公开的内容还相对有限。目前中国政府信息公开的范围还限于政务公开，即行政信息公开和行政行为公开，其中行政信息公开包括行政决策；行政调整；行政收费标准；行政处罚、强制措施；社会保障的规定；涉外服务事项等。现有的行政信息公开法律只是针对一般的行政行为，现有的法律法规也没有对监管机构的信息公开做出明确具体的程序和实体规定。

第三，监管机构信息公开的法律责任尚无法有效实施。目前，中国的相关行业主管部门和监管机构消极对待信息公开。公共管理机构自行决定公开的全部内容，由于相关法规并没有科学界定哪些信息是可以公开的，哪些信息是不能公开的，因此，一些部门和机构就以申请人申请的信息属于保密的不公开信息为由来封闭信息，也无法对这种不依法公开信息的行为追究行政和法律责任。

（二）完善城市水务监管信息公开的政策

随着行政体制改革和市场化改革的深化，需要在如下几个方面进一步完善信息公开制度：

第一，完备信息公开的法律体系。尽快推进《行政信息公开法》的制定，形成更具权威性的信息公开法律保障。与此同时，做好《行政信息公开法》与《保密法》等相关法律的衔接，形成信息公开的完备法律体系。

第二，进一步明确监管机构信息公开的义务。由于中国行政机构类型繁多，职能复杂，监管机构的独立性还不强，与其他行政部门还存在各种联系，由此更应在信息公开法规中将有义务提供监管信息的主体地位规定下来，明确其主体地位、公开义务、法律责任等。

第三，明确监管机构信息公开的内容。国务院2008年5月1日开始实施的《中华人民共和国政府信息公开条例》（国务院令492号）第九条指出，“行政机关对符合下列基本要求之一的政府信息应当主动公开：涉及公民、法人或者其他组织切身利益的；需要社会公众广泛知晓或者参与的；反映本行政机关机构设置、职能、办事程序等情况的；其他依照法律、法规和国家有关规定应当主动公开的。”一般来说，监管机构应及时主动公开的信息包括：（1）监管机构的设置、职能和联系方式；（2）监管的有关法律、行政法规、规章和其他规范性文件；（3）监管各项业务的依据、程序、条件、时限和要求，以及申请文本或表格；（4）受监管行业的发展规划、改革方案、年度发展报告等；（5）行政许可的标准和程序、价格调整程序和收费方法、听证公告、行政裁决结果、重要事项的监管调查结果等。监管机构应保证公众可以查阅、复制的文件包括行政裁决的意见和监管机构制定的政策说明和政策解释。

第四，明确监管机构信息提供程序。信息提供的程序规则是指行政主体向行政相对人以及其他主体提供行政信息时应遵循的程序规则。信息公开的程序以追求效率和便利申请人为宗旨，从现实出发，信息公开以信息能够及时、有效地向社会公开为基本的程序规则，而不应当限制公开和给公众增加申请公开成本。按照方便公众办事、便于公众知情、有利于公众监督的要求，切实把信息公开作为施政的一项基本制度，贯穿于权力运行的全过程。为此，需要监管机构进一步简化公民申请的程序，缩短处理时间，对信息公开申请尽快做出答复。

第五，确保信息公开法律责任的有效实施。法律责任是法律实施中的最后一道屏障，如果没有这样的屏障，法律规则中规定的其他权利和义务就会成为一纸空文。因为在权利义务规定以后，若监管机构不履行不会带来任何麻烦，那么任何当事人都愿意选择不履行或者少履行法律义务。行政信息公开法与其他法律规则一样也不能没有责任条款。这些责任条款有些是限制在行政系统内部的，有些则是严格意义上的法律责任。《政府信息公开条例》第四章是监督和保障条款，其中规定的监督条款主要包括考核、评议、监督检查、公布年度报告、举报、行政复议、行政诉讼和追究刑事责任。这涉及来自行政权力内部的上下级监督和外部的司法权力监督。第三十五条指出，对于不依法履行政府信息公开义务等违法行为，由监察机关、上一级行政机关责令改正；情节严重的，对行政机关直接负责的主管人员和其他直接责任人员依法给予处分；构成犯罪的，依法追究刑事责任。但是，从《政府信息公开条例》实施情况来看，受到责任追究的案例很少，尤其是司法监督的案件几乎没有。由此，为保证信息公开的落实，必须改变主要依赖内部行政监督为主的封闭监督体制，建立立法、行政、司法和社会监督在内的多元监督体系。

第五节　城市水务行业监管的公众参与

一　公众参与的治理价值

（一）公众参与能提高监管合法性和有效性

第一，公众参与是政府监管的内在要求。由于监管的决策过程体现出来的是彼此冲突的利益集团之间相互讨价还价而达成的妥协结果。如果监管机构能为所有受行政决策影响的相关利益人提供参与讨论的机会，就可能通过协商达成可以为所有人普遍接受的妥协，因此也就是对立法过程的一种复制。充分考虑所有相关利益人的利益之后所做出的行政决定，就具有了较充分的合法性。沙普夫（Scharpf，1999）的过程合法性理论认为，只要监管决定是建立在受约束对象同意的基础上，它就是合法的。因此，通过采取公平的行政程序，并使一贯性与平等对待、透明度与外部利害关系人的参与都能最大化，监管机构就可以获得正当性。作为监管权行使的监管过程应当符合严格的司法化程序，有一套约束性的规则，体现出对抗性和参与性。监管程序应当允许所有利害关系方参与，而且应当被鼓励参与的一种程序。各种利益主体应该被赋予正当程序，提出动议、参与听证、提出申辩理由或起诉到法院。“公众参与”应该成为监管行政过程的重要原则，是实现监管有效的重要机制。

第二，政府监管的公众参与能提高政府监管的合法性与有效性。公众参与通过缓解信息不对称，增强地方政府对公民及社会的回应性和可问责性，制衡监管机构的盲目决策，有助于提高政府决策和监管的有效性。中国城市公用事业监管是一个分权化的体制，地方城市政府负有主要的监管职责和具有较大的监管职权。监管分权化有可能造成对地方政府及其监管部门的监督制衡不足，造成滥用行政权和被利益集团俘获的风险，因此分权化改革必须同步提升地方政府的行政问责和社会问责，强化公众参与，使地方政府和监管机构更多地向地方公民负责，接受市民监督。因此，公众参与能对监管自由裁量权施加必要的限制，能防止监管自由裁量权的滥用，通过增进政府监管的可问责性来提高监管的有效性。

第三，扩大公众参与是世界各国政府监管改革和监管治理的普遍做法和基本趋势。根据现代公共决策理念，在监管过程中，不应将公民视为监管的对象，而应该视为共同参与决策的合作伙伴，应该更加关注大部分民民的利益，或者扩大监管行政的社会代表性。托马斯（2005）认为，公众参与公共决策的途径包括公共决策途径、整体协调途径和分散协商途径三种。一般来说，公众参与监管公共决策的途径包括多种形式，如通告和书面评论、正式的听证、协商制定法规、咨询委员会等多种形式。监管权的行使主要有制定法规和行政裁决两部分。近年来，世界各国监管立法的公众参与程序更多地采用将正式程序和非正式程序有机结合的混合程序，在扩大公众参与的同时避免正式听证程序的低效率。由于监管行政裁决主要是针对价格等的行政决定行为，这些监管行政行为直接影响当事人的权利和义务，因此建立正式的公众参与程序——监管听证程序就十分必要。一种制度的有效性很大程度上是许多互补性制度体制契合的结果。听证制度发挥作用需要建立互补性的制度结构体系。从美国等听证制度比较完善的国家来看，有效的听证制度需要对听证会的相关参与人的权利义务、听证代表的产生程序和资格、听政主持官员的无偏私的中立义务、专家的地位和作用、听证会的法律地位、听证中的质询程序、听证信息的透明度、听证结论的依据和法律效力等必要的要素做出明确科学的法律规定。

（二）公众参与能促进社会主义民主

公众参与是促进社会民主，保障政府监管符合社会公共利益的重要条件，是实现民主化监管的重要基础。鼓励市民组织、媒体、环保组织等社会组织参与政府监管治理，能够调和政府监管所造成的复杂的利益冲突，促进社会共识。俞可平（2006）指出："民主不仅是解决人们生计的手段，更是人类发展的目标。"民主的基本意义之一，是政治权力日益从政治国家返还公民社会。政府权力的限制和国家职能的缩小，并不意味着社会公共权威的消失，只是这种公共权威日益建立在政府与公民相互合作的基础之上。[①] 因此，参与式治理，既是一种改善公共服务的机制，又是一种提高国家治理能力的战略。通过将公民吸纳进公共政策制定过程，有助于满足民众日益增长的参与诉求和促进协商民主，并在塑造透明、负责任、公平和效能政府中增进国家合法性，实现国家治理体系和治理能力的现代化。[②]

---

① 俞可平：《治理和善治：一种新的政治分析框架》，《南京社会科学》2001 年第 9 期。

② 张紧跟：《参与式治理：地方政府治理体系创新的趋向》，《中国人民大学学报》2014 年第 6 期。

政府监管的公众参与是一种民主的决策体制，其保证每个公民都能够平等地参与公共政策的制定过程，自由地表达意见，愿意倾听并考虑不同的观点，在理性讨论和协商中做出具有集体约束力的决策。[①]因此，公众参与就是多元化的利益相关者通过对话、协商和妥协达成平衡和整合的协商民主过程，也是将利益相关者纳入公共服务决策和运行过程，合理反映相关利益主体的利益关切，实现相关利益的"利益整合"，从而实现民主化监管，推进社会主义民主。参与式治理通过有效吸纳公民日益增长的参与诉求，既有助于培养现代理性公民而实现以公民理性参与为核心的治理合法性，又有助于促进地方政府公共政策过程的科学化和民主化，通过政府与公众良性互动进而实现协作共治的治理有效性。

参与式治理有助于培养积极公民、培育社会资本、增进政府监管的合法性。公众参与的扩大不仅是一个关乎正义的问题，也是一个提升国家有效性和国家治理能力的问题。福山（2014）指出，现代政治制度由强大的国家、法治、负责制政府所组成，国家、法治、负责制政府这三种制度结合在稳定的平衡中是一个社会取得成功的重要原因。中国现行政治社会体制是典型的"强政府—弱社会"模式，在经济市场化的过程中，社会的政治参与度始终较低。政府是典型的全能主义政府，社会不存在对政府权力的有效制衡，国家与社会的关系是不平衡的。随着社会结构和利益诉求的多元化，这种强势政府而弱势社会的结构，不利于和谐社会建设。理想的结构是强政府、强社会模式，强政府是指政府具有较强的行政执行力，行政运行高效率和好的监管效果；强社会是指社会具有很强的自主性，社会团体具有良好的组织能力，能积极参与公共事务，有序理性表达利益关切，发挥政府无法有效发挥的凝聚社会共识和有效制衡政府机构的独特作用。强大国家和强大社会之间的平衡，方能促进社会和谐。在中国这样一个具有多样性的国家，既需要保持和加强中央政府的权威，同时也需要维

① 毛里西奥·登特里维斯：《作为公共协商的民主：新的视角》，中央编译出版社2006年版。

护地方的自主性和创新力，并在地方性环境中切实体现政府监管的公共利益目标，从而使监管获得社会认同和合法性的基础。让公民通过公民组织来合理有序参与涉及自身利益的公用事业监管决策，表达利益关切，维护自身利益，在多元利益主体之间和政府与公众之间形成良好的沟通、协商机制，形成政府权力与社会力量的对称和良性互动。因此，公民社会是实现善治和长治久安的根本条件。

二　公众参与的层次

《欧盟水框架指令》对公众参与规定了信息提供、公共咨询和积极介入三个层次。公民应该能够获得水务每个阶段的背景信息，这是公众参与的基础；公民应该参与公共协商过程，行政机构主动与公众和利益相关者进行沟通协商，以充分了解其知识、理解、经验和想法，从而收集公民的信息和意见，公民通过口头或书面的形式对水务有关的政策表达意见；水务的相关利益主体应该积极参与到水务有关的决策过程中。根据《欧盟水框架指令》，前两种形式是各个成员国必须保证的，后一种形式是各个成员国应该积极鼓励的。实施公众参与的目的是，通过有效的公众参与，以提高决策质量，增强决策的社会接受度（见图 6－2）。

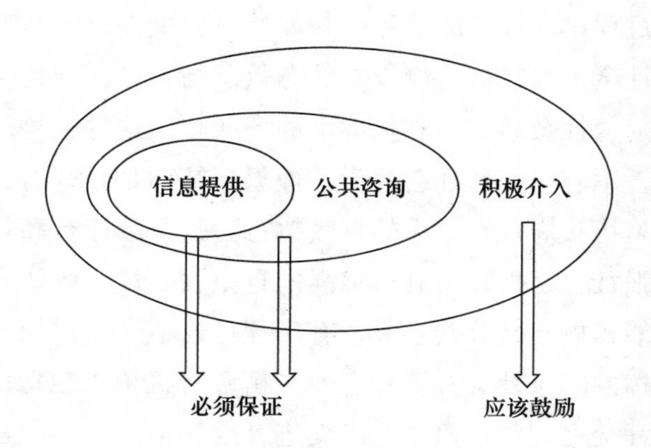

图 6－2　《欧盟水框架指令》的公众参与层次

美国学者阿恩斯坦（Arnstein）在 1969 年提出了“公众参与阶梯

理论”，依据公众参与的程度，把公众参与分为八个阶梯，从低到高依次为：①操纵：政府以公众参与为名鼓动公民支持政府的政策；②教化：政府以不同方式来诱导公民支持政府的政策；③告知：政府单向地向公民传达政策；④咨询：公民可以表达意见，但是政府未必采纳；⑤安抚：公民在决策中具有影响力，但最终决定权在政府手中；⑥伙伴：政府和公民共同具有决策权；⑦权力授予：公民享有很大程度的决策权；⑧公民控制：政策制定和执行都由市民主导（见图6－3）。

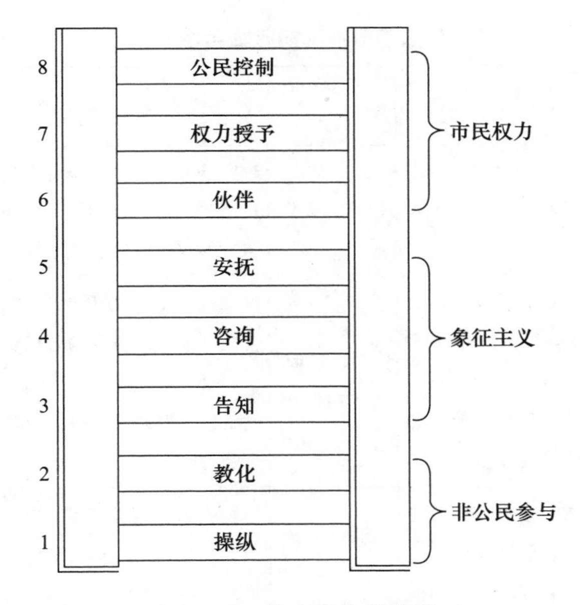

图6－3　公众参与的阶梯

这八个阶梯又划分为三个阶段：

操纵和教化属于第一阶段，为非公众参与。尽管存在一定形式的公众参与，如听证会等，但是，政府始终是主导，公民处于被教育、拉拢的状态，并且对公共决策的最终结果基本不产生重要影响。

告知、咨询和安抚属于第二阶段，为象征主义公众参与，此时公众参与更多体现为一种形式上的公众参与，尽管仍然是政府主导，但是，政府和公众之间存在明显的互动，是中度的公众参与。

伙伴、权力授予和公民控制属于第三阶段，为市民权力，在这个阶段随着权力结构的调整，公民在公共政策的制定中发挥重要的影响，是高度的公众参与。

公众参与的形式是实现公众参与的载体，不同的具体形式具有不同的功能与作用，因而对公众参与的贡献也是不一样的。阿恩斯坦把公众参与的发展阶段依次概括为政府主导型参与阶段、象征型参与阶段和完全型参与阶段，每个阶段的政治体制状况、公众参与形式及特征、公众参与程度都总结在表6－2中。

表6－2　公众参与形式的特征与水平

参与发展阶段	政治体制发展状况	公众参与形式	公众参与形式的特征	公众参与程度
政府主导参与	政治民主化水平较低，政府及其官员起着绝对支配作用	操纵、教化	政府是发起者，政府决定形式选择，政府动员公众参与，参与过程具有被动性	几乎无参与
象征参与	政治民主有所发展，公民权利和意识开始觉醒，争取广泛的参与权，公众参与的能力和组织化程度逐步提高	告知、咨询、安抚	政策过程的权力开始分享，公民逐渐认同自身的公民资格，公众参与逐步组织化、制度化，对政策具有一定的影响力	中度参与
完全参与	政府授权公民，社区自主治理，公民资格意识成熟，参与的知识和能力大幅提高	伙伴、权力授予、公民控制	公民成为社区治理的主人，积极、能动的公众参与政策，有实质影响力，公民自主治理社区公共事务	高度参与

资料来源：Arnatein，Ladder of Citizen Participation，*Journal of the American Institute of Planners*，Vol. 35，1969（4）：216－224.

三　城市公用事业政府监管的主要公众参与形式

公众参与具有多种形式，我国学者孙柏瑛和杜英歌（2013）将公众参与形式归纳为三类：第一类是以政府为主导，以信息获取和发布为目的的公众参与形式，主要包括关键公众接触法、公民调查、互联网与电子政务、政务公开等；第二类是以增强公共政策认同和执行力为目标的公众参与形式，主要包括公民会议、公民听证会、公民咨询委员会、斡旋调解等；第三类是以发展公民自治能力为目标的公众参与形式，主要包括申诉专员和行动中心、公民创制与复决、公民系列论坛、公民实践网络等。从各国城市水务监管的实践来说，主要的公众参与形式有如下几种：

（一）通告

监管机构将法规制定的具体程序、计划告知公众，公众以对感兴趣的问题进行评论的方式参与监管决策的制定过程。这是行政管理程序法要求的一般的参与方式，是非正式的监管法规制定中经常采用的一种参与方式，其优点是：参与过程中花费的成本比较小，公众的参与容量大。由于目前各监管机构都有专门的官方网站，通告与书面评论一般可以通过网站发布与接收的，无须将众多的参与者组织在一起，专门花费一定的时间对法规的制定进行讨论，因此可以大大提高公众参与度和提高参与效率。

（二）听证会

根据行政程序法对正式的监管法规的制定过程和裁决过程所提出的要求，参与者可以直接向那些负责监管法规的制定者口头提交证词，并允许利益各方展开讨论、争辩。在城市水务监管过程中，价格听证是重要的公共参与形式。

（三）政策咨询

咨询通常针对更加具体的计划和政策，让公众参与其中、各抒己见，使公众充分表达自己的利益关切。咨询的方法包括研究、问卷、民意调查、公共会议、居民评审团等。从国际经验来看，一个比较有效的政策咨询组织形式是组建水务咨询委员会。这是由利益各方代表组成的，分别代表各自的利益，直接参与监管法规制定过程的组织形式。其主要功能是充当监管机构的智囊团，帮助监管机构制定监管法规的制定议程。咨询委员会的成员组成必须考虑到监管法规所涉及利益各方的相互制衡关系，委员会的会议内容也应该公之于众，保持透明度和公开性。

（四）协商

协商是让公众积极参加、同意分享资源并做出有关的监管决策。协商参与的方法包括顾问小组、地方战略伙伴和地方管理组织等。当监管法规只是影响到少数人的利益时，可能直接就争议性的问题进行协商。在这种参与形式中，参与者可以充分地表达自身的利益要求，而且一般应得到认真的考虑，当然，这取决于各方的谈判能力。

（五）授权决策

授权决策是参与的高阶段，是一种权力从其掌控者手中转移的合作参与形式。决策者与参与者交换各自资源和意见，使原本的参与变成由决策者与参与者共同做出决策。授权决策有多种方式，典型的如地方社团组织直接参与监管决策的制定，在监管机构内部组成中有专门的公民代表，或者成立水务消费者委员会。

对于监管机构的公共决策行为，其公众参与的程度及其有效性受多种因素的影响，美国学者托马斯（2004）认为，公共政策议题本身的性质对公众参与形式的选择有至关重要的影响，具体包括公共政策议题的专业化程度、公共政策议题的结构化程度、公共政策制定的信息把握情况、公共政策需要公众理解和接受程度、公共政策涉及利益关系人及其代表状况、公共政策公众参与者的利益诉求与监管机构目标的一致性程度等。在具体监管实践中，公众参与程度及其形式选择并没有绝对的标准，其既取决于公共议题的性质，又取决于政府和公民民主理念和民主能力的提高与社会治理身份的互动。

四　中国城市水务监管公众参与的形式

公众参与是公众通过多种渠道，反映利益诉求，参与和影响水价政策的设计、制定、实施和调整的过程。在计划经济福利供应体制下，社会公众并没有参与的意愿，城市公用事业监管决策都是由政府单独做出，决策过程高度封闭化。改革开放以来，随着城市公用事业的市场化改革，消费者和企业都成为相对独立的利益主体，一些地方政府也具有明显的利益追求，由此造成消费者对涉及其切身利益的监管政策高度关注，迫切需要了解政府监管决策过程，要求参与公共决策以维护自身利益。改革开放以来，中国城市公用事业监管也逐步引入各种形式的公众参与，目前公众参与城市水务行业监管的方式主要有以下几种：

（一）征询意见

管理部门就水价改革中的某一事项，通过某种渠道发布征询意见信息，公众可自由发表意见。这种形式的社会参与度高，公民能够充分表达意见。但由于不对参与者进行选择，其专业背景差异很大，所代表的利益并不明确，如无科学规范的流程控制，公民所表达的意见会出现两种偏差，一是意见发散，无法形成主流意见；二是受到舆论引导，形成并不客观的意见。由于上述情况的存在，目前这种形式在城市水务监管中只能作为决策前的民意调查，很难作为决策的依据。

（二）专家咨询

监管机构就某一事项召集或邀请有关专家参加，就该事项的必要性、可行性进行论证。这种形式的特点是参与者具有专业知识，可以对所议事项提出专业性、权威性的意见，对决策有较强的参考意义，对提高监管决策的科学性具有重要的价值。但由于参与者选择主要基于其专业背景，因此专家意见会局限于技术论证方面，而非利益诉求，其作用重点在专业知识而非价值判断。同时，由于参与者并非利益相关者，存在参与者责任心不强的道德风险问题，而且由于部分专家往往来自行业企业或者与行业企业具有长期的利益关系，其独立性不够，容易被产业利益集团所收买，有时会成为产业利益集团的代言人。

（三）价格听证

目前，价格听证是我国城市公用事业价格监管中最主要的公众参与形式。1998 年，《中华人民共和国价格法》第二十三条规定："制定关系群众切身利益的公用事业价格、公益性服务价格、自然垄断经营的商品价格等政府指导价、政府定价，应当建立听证会制度，由政府价格主管部门主持，征求消费者、经营者和有关方面的意见，论证其必要性、可行性。"这为公众参与水价改革提供了法律依据。2002 年颁布实施的《政府价格决策听证办法》对听证会的组织程序进行了规范。目前，公民听证方式的主要问题是参与者选择易受主持方操控，由于信息不对称，听证会代表难以对定价方案提出实质性的抗辩意见和缺乏质询程序，听证记录对政府决策缺乏明确的约束作用，这些都限制了听证会作用的发挥。由于缺乏相关制度的明确规定和科学设计，中国目前的价格听证往往流于形式，出现价格听证“逢听必涨”的局面，尽管采用了一定的公众参与机制，但是，由于制度缺陷仍然产生监管参与结果的不公正性，并不能起到科学决策和民主监督的作用，使社会公民失去参与的热情和对听证会能否体现公民利益作用的质疑。

（四）多方会商

政府监管机构通常就某一事项召集利益相关方进行沟通协调。这种形式的特点是，参与者都是利益强相关方，会充分表达各自的利益诉求。但由于参与者完全从自身利益出发，尽力争取自身利益、压制对方利益，所表达意见可能并不客观，意见很难达成一致，对协商主持者协调能力、权威和公正性要求很高，政府监管机构应该扮演行政仲裁者的作用。多方协商模式的成功实施需要一个发育良好的公民社会，公民组织能够有效发挥公共协商的角色。由于目前我国公民组织严重缺乏，很多情况下是由相关政府部门代行，并不能完全代表社会公众利益，缺乏公信力，无法形成民主协商的制度机制。

五　中国城市水务监管公众参与的障碍

目前，中国城市水务监管中公众参与仍面临诸多障碍，具体来说：

（一）公众参与的制度供给严重不足

良好健全的制度是公民有效参与的基本保障。目前，公众参与的法律和制度建设严重滞后，公众参与缺乏有力完备的法律保障。我国目前缺乏相应的程序制度设计来保障公民的质询权，对监管部门和公民在公众参与中的角色没有进行明确界定和有效约束。在公众参与的组织形式、代表选择、参与的效力等诸多方面都缺乏法律规定。

（二）公众参与的信息不对称问题突出

完整真实的信息是实现公民有效参与，保护自身权益的重要前提，信息公开化应实现事前、事中和事后的信息全过程公开。但是，目前我国城市公用事业政府监管公众参与的信息公开程度低严重限制了公众参与作用的有效发挥。如在各地举行的价格听证会中，事前公众代表并不能获知真实的企业成本信息，也缺乏第三方对企业成本信息的审计，在企业经营成本不清楚，公民代表存在严重信息不对称的情况下，根本无法对企业提出的涨价方案做出实质性回应。信息公开化程度不足，一方面限制了公众参与的能力和范围，无法充分表达自身的利益诉求，维护合理权益；另一方面打击了公众参与的积极性，对公众参与的意义和作用产生质疑。

（三）公众参与形式化和低度化问题突出

目前，城市公用事业监管中的公众参与渠道单一，仅有的公众参与方式往往流于形式，公民的利益诉求无法得到有效的回应，最终的决定仍然是由政府独断做出，公民反映的利益关切问题无法得到有效及时回应。同时，目前公众参与的组织化程度还较低，公众的公民意识还相对较弱，限制了其作用的发挥。

六　实现有效公众参与的路径

2015 年 12 月，中央城市工作会议提出城市工作五大统筹指导思想，明确指出要“统筹政府、社会、市民三大主体，提高各方推动城市发展的积极性。要提高市民文明素质，尊重市民对城市发展决策的知情权、参与权、监督权，鼓励企业和市民通过各种方式参与城市建设、管理，真正实现城市共治共管、共建共享。”目前，在中国政府监管过程中，公众参与的水平还比较低，公众参与的质量还不高，应有的作用没有有效发挥出来，应该采取有效措施逐步提高公众参与的水平和参与质量。为了保证公众参与的有效性，需要建立相应的制度保证，实现公众参与的制度化，确保城市水务监管的利益相关者能有序参与政府监管过程。

（一）转变政府的监管理念

公众参与的程度及其有效性很大程度取决于政府的监管理念和监管行为的转变，即根本上取决于政府的政治意愿。传统的政府主导公共政策过程的运作模式决定了参与式治理的引入在相当程度上取决于政府是否愿意向公民开放公共政策过程。为此，政府需要转变观念，改革行政决策体制，积极促进公众参与。国家层面应该主动回应公众参与的意愿和需求，进行顶层设计，完善公众参与的基本制度框架，赋予公众参与监管决策的政治权利，明确监管决策的公众参与程序要求。地方政府应对公众参与需求积极回应和有效吸纳，包括在现有制度框架下扩展制度化的公众参与渠道、推动公共信息的全面透明公开、培育和发展公民社会组织等。

（二）完善立法保障公众参与的权利

公众参与需要通过立法保证公民的知情权、参与权、表达权和监督权，并明确切实可行的公众参与程序。首先，通过立法保障公民的监管参与权。欧盟的《奥尔胡思协定》《水框架指令》，美国的《清洁水法》《公众参与政策》，法国的《水法》等都对公民的参与权和具体的参与程序做出了规定。如在法国《水法》中规定“用水的权利属于所有人”，“各个层次的有关用户和利益相关者当然有权共同协商和参与税务管理”。为此，法律要求法国一定人口规模以上的地方政府（市镇）要组建本地的“公民咨询委员会”，成员主要是当地议会议员，主席一般由地方行政长官兼任，咨询委员会主要是来协助市政当局进行公共服务管理，法律还赋予该委员会对市政当局的监管行为的知情权、质询权。其次，实现公众参与的制度化、规范化和程序化。尽早制定和颁布《行政程序法》，对城市水务监管的行政程序和公众参与制度做出科学明确的规定。最后，建立公民对监管机构执法活动的救济制度。在监管法规的制定和监管裁决过程中，如果监管决策明显有失公正而造成对某些公众的损害，受损方可以寻求行政救济和司法救济，向法院上诉，一旦得到证实，法院便可以采取补救措施。

（三）扩展公众参与的渠道

随着社会经济的发展、民主政治的推进和公民权利意识不断增强，对参与监管公共决策的要求日益增强。在社会转型时期，公民的参与需求热情与有限的参与渠道之间经常会构成一对矛盾。因此，政府要为公民的参与提供更多的渠道。各国的行政程序法都规定，在正式的监管法规制定过程中，需要举行口头听证会或是公开听证会，而在非正式的监管法规制定过程中，一般是采用通告与书面评论的参与形式。在信息和网络技术日益发达的今天，运用现代的科技手段提高参与的效率，尽量满足公民的参与要求。一些新的公众参与形式正在出现，如电视辩论、网络论坛、网络组织、手机短信等。

（四）近期的重点是提升价格听证会的有效性

目前，价格听证是城市水务行业公众参与的重要途径，是公众参与的重要试验场和社会关注度最高的公众参与形式。但在水价改革中价格听证只具有咨询的功能，听证的意见对价格决策并不具有约束力，是造成公众参与形式化的重要原因。因此，近期要重点提高价格听证会的质量，增强公众参与的信心，应在制度上提升价格听证的地位，明确其在整个价格决策中的作用，保障听证会代表的意见能受到管理部门的高度重视。在此基础上，应逐步扩大听证制度的应用范围，由目前集中于水价调整的政策设计阶段，逐步扩展至政策执行、政策评估等阶段，推动政府监管的民主化。

（五）长期的重点是培育公民社会

对于中国来说，未来不仅依赖于强大的政府，也依赖强凝聚力和民主参与意识的公民社会。从长期来看，民主化监管体制还依赖市民社会的培育和发展，以及各种民间组织的成长和民主政治的建设。理想的公民社会对于促进多元参与式治理的有效运作至关重要，公民社会组织可以为公众提供一种组织化的参与公共治理的机制，可以成为连接政府和公民的重要桥梁和纽带。政府要逐步放松对社会经济事务和公民私人事务的监管，更多地让公民和社会民间组织进行自我管理，让环保公益组织参与水质监督、提起水环境污染公益诉讼。

参考文献

1. 艾伦·罗森伯姆、孙迎春:《公共服务中的政府、企业与社会三方合作》,《国家行政学院学报》2004 年第 5 期。
2. 安东尼·奥格斯:《规制:法律形式与经济学理论》,中国人民大学出版社 2008 年版。
3. 奥托·迈耶:《德国行政法》,商务印书馆 2013 年版。
4. 布莱恩·巴利:《社会正义论》,凤凰出版传媒集团、江苏人民出版社 2007 年版。
5. 蔡立辉、龚鸣:《整体政府:分割模式的一场管理革命》,《学术研究》2010 年第 5 期。
6. 陈敏建、陈炼钢、丰华丽:《基于健康风险评价的饮用水水质安全管理》,《中国水利》2007 年第 7 期。
7. 程宏:《解读中国供热体制改革的困境》,《现代物业》2007 年第 11 期。
8. 崔玉川、刘振江:《饮水·水质·健康》,中国建筑工业出版社 2006 年版。
9. 戴维·奥斯本、特德·盖布勒:《改革政府》,周敦仁译,上海译文出版社 2006 年版。
10. 方耀民:《我国水价形成机制改革回顾与展望》,《经济体制改革》2008 年第 1 期。
11. 弗朗西斯·福山:《政治秩序的起源》,广西师范大学出版社 2014 年版。
12. 弗朗西斯·福山:《历史的终结和最后的人》,广西师范大学出版社 2014 年版。

13. 郭剑鸣:《中国城市公用事业政府监管监督体系研究》，中国社会科学出版社 2015 年版。
14. 改革杂志社专题研究部:《我国大部制改革的政策演进、实践探索与走向判断》,《改革》2013 年第 3 期。
15. 龚道孝、李志超:《我国饮用水安全监管法规体系构建研究》,《城市发展研究》2015 年第 2 期。
16. 亨廷顿:《变革社会中的政治秩序》，上海人民出版社 2008 年版。
17. 胡斌:《私人规制的行政法治逻辑：理念与路径》,《法制与社会发展》2017 年第 1 期。
18. 季卫东:《法治秩序的建构》，中国政法大学出版社 1999 年版。
19. 江必新:《行政程序正当性的司法审查》,《中国社会科学》2012 年第 5 期。
20. 肯尼思 · 沃伦:《政治体制中的行政法》，王丛虎等译，中国人民大学出版社 2006 年版。
21. 李眺:《我国城市供水需求侧管理与水价体系研究》,《中国工业经济》2007 年第 2 期。
22. 林洪孝、彭绪民:《论城市水务系统构成与管理发展方向》,《经济体制改革》2004 年第 6 期。
23. 李梅、吴朝阳:《我国进一步推进水价改革的思考》,《经济问题》2012 年第 6 期。
24. 刘鹏、王力:《回应性监管理论及其本土适用性分析》,《中国人民大学学报》2016 年第 1 期。
25. 理查德 · 斯图尔特:《美国行政法的重构》，商务印书馆 2003 年版。
26. 罗伯特 · 阿格拉诺夫:《协作性公共管理》，北京大学出版社 2007 年版。
27. 罗尔斯:《正义论》，中国社会科学出版社 1971 年版。
28. 马英娟:《政府监管机构研究》，北京大学出版社 2007 年版。
29. 马中、周芳:《我国水价政策现状及完善对策》,《环境保护》2012 年第 19 期。

30. 毛里西奥·登特里维斯：《作为公共协商的民主：新的视角》，中央编译出版社 2006 年版。
31. 美国环境保护局：《美国饮用水环境管理》，中国环境科学出版社 2010 年版。
32. 穆雷·霍恩：《公共管理的政治经济学》，中国青年出版社 2004 年版。
33. 蒲宇飞等：《关于中国水资源管理的透明度和公众参与度研究》，研究报告，2007 年。
34. 仇保兴：《当前中国城镇水务发展的若干重大机遇》，《给水排水》2009 年第 1 期。
35. 仇保兴、王俊豪等：《中国市政公用事业监管体制研究》，中国社会科学出版社 2006 年版。
36. 秦虹、盛洪：《市政公用事业监管的国际经验及对中国的借鉴》，《城市发展研究》2006 年第 1 期。
37. 萨瓦斯：《民营化与公私部门伙伴关系》，周志忍等译，中国人民大学出版社 2002 年版。
38. 世界银行：《展望中国城市水业》，中国建筑工业出版社 2007 年版。
39. 史普博：《管制与市场》、上海三联书店、上海人民出版社 1999 年版。
40. 史蒂芬·布雷耶：《规制及其改革》，北京大学出版社 2008 年版。
41. 沈大军、陈雯等：《水价制定理论、方法与实践》，中国水利水电出版社 2006 年版。
42. 世界银行：《解决中国水稀缺：关于水资源管理若干问题的建议》，《城镇供水》2009 年第 4 期。
43. 孙柏瑛：《公众参与形式的类型及其适用性分析》，《中国人民大学学报》2005 年第 5 期。
44. 孙迎春：《国外政府跨部门合作机制的探索与研究》，《中国行政管理》2010 年第 7 期。
45. 托马斯：《公共决策中的公众参与：公共管理者的新技能与新策

略》，中国人民大学出版社2004年版。
46. 唐要家、李增喜：《居民阶梯水价能促进社会公平吗?》，《财经问题研究》2016年第4期。
47. 唐要家、李增喜：《居民递增型阶梯水价政策有效性研究》，《产经评论》2015年第1期。
48. 王名扬：《美国行政法》，中国法制出版社2005年版。
49. 王锡锌：《利益组织化、公众参与和个体权利保障》，《东方法学》2008年第4期。
50. 王俊豪：《政府管制经济学导论》，商务印书馆2004年版。
51. 王俊豪、肖兴志、唐要家：《中国垄断性产业管制机构的设立与运行机制》，商务印书馆2008年版。
52. 王俊豪等：《深化中国垄断行业改革研究》，中国社会科学出版社2010年版。
53. 王俊豪等：《中国城市公用事业政府监管体系创新研究》，中国社会科学出版社2016年版。
54. 王浩、阮本清等：《面向可持续发展的水价理论与实践》，科学出版社2003年版。
55. 王曦：《美国环境法概论》，武汉大学出版社1992年版。
56. 王建平：《完善城市饮用水安全管理体制机制的建议》，《中国水利》2013年第1期。
57. 韦德：《行政法》，中国大百科全书出版社1997年版。
58. 萧功秦：《超越左右激进主义》，浙江大学出版社2012年版。
59. 尤金·巴达赫：《跨部门合作》，北京大学出版社2011年版。
60. 万峰、张庆华：《城市供水水质监管机制存在的问题及对策研究》，《环境科学与管理》2008年第7期。
61. 杨炳霖：《监管治理体系建设理论范式与实施路径研究》，《中国行政管理》2014年第6期。
62. 由阳、石炼、孙增峰、宋兰合：《关于我国生活饮用水卫生标准实施方案的建议》，《中国给水排水》2011年第10期。
63. 由阳、石炼、孙增峰、宋兰合：《关于我国〈生活饮用水卫生标准〉实施情况的评估》，《中国给水排水》2012 年第 1 期。

64. 俞可平：《论国家治理现代化》，社会科学文献出版社 2014 年版。

65. 俞可平：《治理和善治：一种新的政治分析框架》，《南京社会科学》2001 年第 9 期。

66. 张彤主编：《欧盟法概论》，中国人民大学出版社 2011 年版。

67. 张紧跟：《参与式治理：地方政府治理体系创新的趋向》，《中国人民大学学报》2014 年第 6 期。

68. 张小娟、唐锚、刘梅、王昊：《北京市智慧水务建设构想》，《水利信息化》2014 年第 1 期。

69. 郑新业等：《水价提升是有效的政策工具吗》，《管理世界》2012 年第 4 期。

70. 住房和城乡建设部、世界银行、全球环境基金：《城镇采暖费补贴工作指导意见》，研究报告，2009 年。

71. 住房与城乡建设部：《城市缺水问题研究报告》，1995 年。

72. 朱党生：《中国城市饮用水安全保障战略》，科学出版社 2008 年版。

73. 周耀东、余晖：《市场失灵、管理失灵与建设行政管理体制的重建》，《管理世界》2008 年第 2 期。

74. 周勤：《什么是好的管制者？——对新加坡公用事业的法定机构的实证分析》，《产业经济研究》2007 年第 1 期。

75. Abbott, K. W. and D. Snidal, 2009, Strengthening International Regulation through Transnational New Governance: Overcoming the Orchestration Deficit, *Vanderbilt Journal of Transnational Law* 42, pp. 501 - 569.

76. Abbott, K. W. and D. Snidal, 2009, The Governance Triangle: Regulatory Standards Institutions in the Shadow of the State, in Walter Mattli & Ngaire Woods eds., *The Politics of Global Regulation*, Princeton University Press.

77. Ashby, S., Swee Hoon Chuah and R. Hoffman, 2004, Industry Self - Regulation: A Game Theoretic Typology of Strategic Voluntary

Compliance, Working Paper, Financial Services Authority, London.

78. ACT Auditor - General's Office, 2014, Performance Audit Report: The Water and Sewerage Pricing Process. Independent Competition and Regulatory Commission.

79. Averch and Johnson, 1962, Behavior of the Firm under Regulatory Constraint, *American Economic Review*, 52 (5), pp. 90 - 97.

80. Baron, David P., 1989, Design of Regulatory Mechanisms and Institutions, in Richard Schmalenseeand Robert D. Willig, eds., Handbook of Industrial Organization, Volume II, Amsterdam: North Holland, pp. 1347 - 1447.

81. Brocas, Chan, and Perrigne, 2006, Reguation under Asymmetric Information in Water Utilities, *American Economic Review*, 96, pp. 62 - 66.

82. Brown, Stern, Tenenbaum, Gencer, 2006, *Handbook for Evaluating Infrastructure Regulatory Systems*, World Bank Publications.

83. Baumann, Boland and Hanemann, 1997, *Urban Water Demand Management and Planning*, McGraw - Hill, New York.

84. Beesley and Littlechild, 1983, Privatization: Principles, Problems and Priorities, *Lloyds Bank Review.*

85. Beesley, 1996, RPI - x Principles and Their Application to Gas, in M. E. Beesley (ed.), *Regulating Utilities: A Time for Change?* Institute of Economic Affairs.

86. Boland, J. J. and Whittington, D., 2000, Water Tariff Design in Developing Countries: Disadvantages of Increasing Block Tariffs (IBTs) and Advantages of Uniform Price with Rebate (UPR) Designs, World Bank Water and Sanitation Program, Washington.

87. Boland, John J., Dale Whittington, 2000, Water Tariff Design in Developing Countries: Disadvantages of Increasing Block Tariffs (IBTs) and Advantages of Uniform Price with Rebate (UPR) Designs, World Bank Water and Sanitation Program, Washington D. C..

88. Crase, L. , O'Keefe, S. and Burston, J. , 2007, Inclining Block Tariffs for Urban Water, Agenda, 14 (1), pp. 69 – 80.

89. Chris Chubb、Martin Griffiths、Simon Spooner:《欧洲水质管理制度与实践手册》，黄河水利出版社 2012 年版。

90. European Commission, 2010, Communication "Smart Regulation in the EU", COM (2010) 543, 8 October.

91. Forrester, Hilary, 2002, Water for Health. A Report of the Published Literature on the Impacts of Water on Health. Water UK.

92. Greg J. Browder、谢世清等:《展望中国城市水业》，中国建筑工业出版社 2007 年版。

93. Hewitt, J. A. , Hanemann, W. M. , 1995, A Discrete/continuous Choice Approach to Residential Water Demand under Block Rate Pricing, *Land Economics*, 71, pp. 173 – 192.

94. Hewitt, J. A. , 2000, An Investigation into The Reasons Why Water Utilities Choose Particular Residential Rate Structures, in A. Dinar, ed. , The Political Economy of Water Pricing Reforms, Oxford University Press, New York, USA, Chapter 12, pp. 259 – 277.

95. Ian Ayres and Jhon Braithwaite, 1992, *Responsive Regulation: Transcending the Deregulation Debate*, Oxford University Press.

96. John Braithwaite, Valerie Braithwaite, Michael Cookson and Leah Dunn, 2010, *Anomie and Violence: Non – truth and Reconciliation in Indonesian Peace Building*, Canberra: Australian National University Press.

97. Jeremy Warford、谢剑:《中国水价改革：经济效率、环境保护和社会承受能力》，2007 年。

98. Komives, Kristin ed. , 2005, *Water, Electricity, and the Poor: Who Benefits from Utility Subsidies*, World Bank Publication.

99. Levy, B. and Spiller, P. T. , 1994, The Institutional Foundations of Regulatory Commitment: A Comparative Analysis of Telecommunication Regulation, *Journal of Law, Economics and Organization*, 10 (2),

pp. 201 – 246.

100. Li Li, Xun Wu and Yaojia Tang, 2016, Adoption of Increasing Block Tariffs (IBTs) among Urban Water Utilities in Major Cities in China, *Urban Water Journal*, pp. 1 – 8.

101. Michael Rouse, 2007, Institutional Governance and Regulation of Water Services, IWA Publishing.

102. Monteiro, Henrique, 2010, Residential Water Demand in Portugal: checking for Efficiency based Justifications for Increasing Block Tariffs, ISCTE – IUL, Working Papers.

103. Nauges and Whittington, 2009, Estimation of Water Demand in Developing Countries: An Overview, World Bank Water and Sanitation Program, Washington.

104. Pearce and Markandya, 1989, Marginal Opportunity Cost as an Planning Concept in Natural Resource Management, Schramm, G. and Warford, J., *Environmental Management and Economic Development*, Baltimore: Johns Hopkins University Press, USA.

105. OECD, 1997, The OECD Report on Regulatory Reform: Synthesis.

106. OECD, 1999, Regulatory Reform in Japan: The Role of Competition Policy in Regulatory Reform.

107. OECD, 1999, Industrial Water Pricing.

108. OECD, 1999, Pricing of Water Services: An Update.

109. OECD, 2002, Regulatory Policies in OECD Countries: from Interventionism to Regulatory Governance.

110. OECD, 2003, Social Issues in the Provision and Pricing of Water Services.

111. OECD, 2004, Regulatory Impact Analysis: Inventory.

112. OECD, 2005, Guiding Principles for Regulatory Quality and Performance.

113. OECD, 2006, Water: The Experiencein OECD Countries.

114. OECD, 2011, Water Governance in OECD Countries: A Multi –

Level Approach.

115. OECD, 2014, The Governance of Regulators, OECD Best Practice Principles for Regulatory Policy.

116. OFWAT, 2010, The Form of the Price Control for Monopoly Water and Sewerage Services in England and Wales.

117. Ogus, Anthony, 1995, Rethinking Self – Regulation, *Oxford Journal of Legal Studies* 15, pp. 97 – 108.

118. Pitofsky, 1988, Self – regulation and Antitrust, Prepared Remarks in the D. C. Bar Association Symposium.

119. Porter, Richard C., 1996, The Economics of Water and Waste: A Case Study of Jakarta, Indonesia, Aldershot, U. K.: Avebury Publishing Co..

120. Rogers, P., Bhatia, R. and Huber, A., 1998, Water as a Social and Economic Good: How to Put the Principle into Practice. Global Water Partnership/Swedish International Development Cooperation Agency, Stockholm, Sweden.

121. Roseta – Palma, and Monteiro, 2008, Pricing for Scarcity, Working Paper 2008/65, DINAMIA, Research Centre on Socioeconomic Change, Lisboa, Portugal.

122. Rui Cunha Marques, 2010, Regulation of Water and Wastewater Services, IWA Publishing.

123. Smith Warrick, 1997, Utility Regulators—The Independence Debate, the World Bank Public Policy for the Private Sector Note, No. 127.

124. Stern, J. and Cubbin, J. S., 1999, Regulatory Governance: Criteria for Assessing the Performance of Regulatory System: An Application to Infrastructure Industries in the Developing Countries of Asia, *Utilities Policy*, Vol. (8), pp. 33 – 50.

125. Scharpf, 1999, *Governing in Europe: Effective and Democratic?*, Oxford University Press.

126. Scott, 2002, Private Regulation of the Public Sector: A Neglected

Facet of Contemporary Governance, *Journal of Law and Society*, Vol. 29 (1), pp. 56 – 76.

127. Sherry R. Arnatein, 1969, Ladder of Citizen Participation, *Journal of the American Institute of Planners*, Vol. 35 (4), pp. 216 – 224.

128. Shugart, Chris, 1998, Regulation – by – Contract and Municipal Services: The Problem of Contractual Incompleteness, Ph. D. thesis, Harvard University.

129. Sibly, H. and Tooth, R., 2010, The Consequences of Using Increasing Block Tariffs to Price Urban Water, *Australian Journal of Agricultural and Resource Economics*, 58 (2), pp. 223 – 243.

130. Sibly, H., 2006, Urban Water Pricing, *Agenda*, 13 (1), pp. 17 – 30.

131. Stigler, 1971, The Theory of Regulation, *Journal of Economics and Management Science*, Spring, pp. 37 – 45.

132. UNDP Human Development Report 2006, Beyond Scarcity: Power, Poverty and the Global Water Crisis.

133. United States Environment Protection Agency, 2005, Case Studies of Sustainable Water and Wastewater Pricing.

134. World Bank, 2007, Stepping Up: Improving the Performance of China's Urban Water Utilities in 2007, Washington D. C., USA.

135. World Bank, 2009, Addressing China's Water Scarcity. Washington D. C., USA.

136. World Bank, 2010, Subsidies in the Energy Sector: An Overview, Washington D. C., USA.

137. Whittington, D., 2003, Municipal Water Pricing and Tariff Design: A Reform Agenda for South Asia, *Water Policy*, 5, pp. 61 – 76.

138. World Water Commission, 2000, *A Water Secure World*, UK: Thanet Press.

139. World Bank, 2003, Regulation by contract: A new way to privatize electricity distribution? World Bank Working Papers.